番石榴叶活性多酚组分快速鉴别及发酵释放与转化机制

王露　胡晓苹 著

中国原子能出版社

图书在版编目（CIP）数据

番石榴叶多酚类生物活性的挖掘及其发酵释放与转化作用机制研究 / 王露，胡晓苹著．-- 北京：中国原子能出版社，2020.10（2021.9 重印）
ISBN 978-7-5221-0971-8

Ⅰ．①番… Ⅱ．①王… ②胡… Ⅲ．①番石榴 - 生物活性 - 研究 Ⅳ．① S667.909

中国版本图书馆 CIP 数据核字 (2020) 第 193116 号

番石榴叶多酚类生物活性的挖掘及其发酵释放与转化作用机制研究

出版发行：中国原子能出版社（北京市海淀区阜成路 43 号 100048）
责任编辑：刘东鹏
责任印制：潘玉玲
印　　刷：三河市南阳印刷有限公司
印　　销：全国新华书店
开　　本：787mm × 1092mm 1/16
字　　数：220 千字
印　　张：9.5
版　　次：2020 年 10 月第 1 版 2021年 9 月第 2 次印刷
书　　号：ISBN 978-7-5221-0971-8
定　　价：52.00 元

网　　址：http://www.aep.com.cn　　E-mail：atomep123@126.com
发行电话：010-68452845

前　言

番石榴叶作为民间一种重要的天然产物资源，在抗氧化损伤、降血糖、抑菌以及抗炎症方面有着极为显著的功效。由于其独特的风味、口感以及功效，在中国以及其他国家，已经将其加工成降血糖保健茶制品。然而市面上的番石榴叶茶产品存在功效不稳定，缺乏质量评控方法、活性功效成分不明确以及有效成分利用率低等一系列问题，严重制约了其在市面上大范围推广。本研究利用 HPLC 指纹图谱技术，成功实现了番石榴叶原料的质量评估；构建了天然产物复杂提取液体系下抗氧化以及降血糖活性成分高效鉴别方法，明确番石榴叶潜在的抗氧化以及降血糖核心功效成分；并筛选出相容性较好的优良菌株，构建番石榴叶高效共发酵体系，促进番石榴叶多酚类释放与苷元类定向生物转化，提高了番石榴叶黄酮组分质量稳定性以及核心功效成分利用率，并初步阐明了多酚释放与黄酮苷元定向转化的酶学作用机制；找到了番石榴叶发酵度控制的关键因子，将对发酵产品的质量控制有重要指导意义。主要结论如下：

1. 利用 HPLC 指纹图谱技术结合化学计量学分析法，将不同来源番石榴叶样品分成两大类群：簇 I 样品包括杭州（浙江省），韶关、番禺、江门、东莞与梅州（广东省），台北和台南（台湾省）与南平（福建省）；簇 II 样品包括亳州与合肥（安徽省），保定（河北省），衡阳、岳阳与郴州（湖南省）。不同来源番石榴叶黄酮组分以及含量有非常明显的差异，而相同或者相邻区域的样品没有明显的种质资源差异。谱效关系结果表明，槲皮素糖苷以及苷元（槲皮素与山奈酚）是控制番石榴叶质量的关键因子。

2. 利用构建的离线 HPLC- 自由基清除能力检测（HPLC-FRSAD）方法，成功从番石榴叶中鉴别出 11 种主要抗氧化活性成分，明确了番石榴叶多酚提取液中主要的抗氧化酚类成分为没食子酸、原花青素 B3、槲皮素以及山奈酚。构效关系分析结果表明，酚类化合物结构中羟基的数量和位置对其自由基清除能力有非常重要的影响；黄酮类化合物羟基化可以提高其抗氧化活性，而羟基结构被糖基化则明显降低其抗氧化能力。

3. 总 α－葡萄糖苷酶抑制实验证实，与阳性药物阿卡波糖[IC_{50} =（178.52 ± 1.37）μg/mL]相比，番石榴叶提取液具有较强的体外降血糖活性［ IC_{50} =（19.37 ± 0.21）μg/mL］。利用最佳亲和超滤离心 -HPLC-ESI-TOF/MS（UF-HPLC-ESI-TOF/MS）筛分条件：10 U/mL α－葡萄糖苷酶浓度和 30 kDa 膜孔径滤器，从番石榴叶提取液中快速鉴别了 12 种与 α－葡萄糖苷酶有较强亲和作用的活性分子，其中槲皮素（AD = 18.86%）与原花青素 B3（AD = 8.54%）对 α－葡萄糖苷酶亲和能力最强。单体活性实验验证了槲皮素［ IC_{50} =（4.51 ± 0.71）μg/mL］、扁蓄苷［ IC_{50} =（21.84 ± 3.82）μg/mL］和原花青素 B3［ IC_{50} =（28.67 ± 5.81）μg/mL］是番石榴叶中核心降血糖活性因子。构效关系揭示了多酚与黄酮化合物羟基数量以及位置明显影响其对 α－葡萄糖苷酶的抑制活性；黄酮化合物羟基化作用可提高其对 α－葡萄糖苷酶的抑制作用，羟基结构被糖基化后将降低其抑制作用；而原花青素类化合物对 α－葡萄糖苷酶有较强的抑制作用。

4. 同一地区不同季节番石榴叶样品活性组分差异较大，通过微生物发酵可以明显增加番石榴叶黄酮组分含量；通过 HPLC 指纹图谱结合 PCA 以及 HCA 分析得出，不同季节收集的未发酵番石榴叶样品相似性范围为0.837 ~ 0.927，而红曲菌－酵母组发酵后样品相似性超过0.993。结果表明，微生物发酵可以明显提高番石榴叶质量一致性，进而提高其茶类产品功效稳定性。

5. 成功筛选了4株产纤维素酶菌株，通过16S RNA方法分别鉴定为节杆菌属AS1，2株芽孢菌属BS2与BS3以及粪产碱杆属AS4。其中芽孢菌BS2与红曲菌固态发酵能够最大地提高番石榴叶可溶性多酚含量；固态发酵条件优化结果表明，当红曲菌与芽孢菌BS2接种量维持在2 ：1，发酵基质含水量维持为60%，发酵时间为8天时，番石榴叶总可溶性多酚的释放达到最大，为53.37 mg GAE/g DM；番石榴叶主要多酚组分通过HPLC-ESI-TOF/MS方法被成功鉴定；HPLC定量结果表明，发酵后大部分多酚组分含量均明显提高，然而没食子酸含量明显降低。结果也证实，红曲菌与芽孢菌共发酵显著地增强了番石榴叶可溶性多酚的抗氧化能力以及抗DNA损伤能力。并且在发酵过程中，未检测到桔霉素的产生。

6. 红曲菌与芽孢菌BS2共发酵番石榴叶过程中，可溶性多酚明显增加，而结合态多酚明显下降。其发酵过程中各水解酶系变化与可溶性多酚变化一致，均在发酵第8天时达到最大，总纤维素酶活力达到了31.32 U/g，α－淀粉酶活力达到83.05 U/g，木聚糖酶活力为5.27 U/g，然而β－葡萄糖苷酶活力却仅仅为0.19 U/g。随着发酵时间延长，各水解酶活力出现明显下降。纤维素酶、α－淀粉酶以及β－葡萄糖苷酶添加量与番石榴叶总可溶性多酚的释放量存在明显的正相关，相关性值R分别达到了0.8878，0.8089与0.8428（$p < 0.01$），而木聚糖酶的添加量与总可溶性多酚释放相关性较低仅仅为0.5192（$p < 0.05$）。低浓度复合酶处理（< 50 U/g）对番石榴叶可溶性多酚释放影响不大，而高浓度复合酶（> 300 U/g）能够明显促进番石榴叶多酚的释放，但是其释放的总多酚含量（42.54 mg GAE/g DM）明显低于发酵处理组（53.08 mg GAE/g DM）。

7. 利用HPLC指纹图谱技术结合主成分分析找到了控制番石榴叶发酵度的关键因子：没食子酸，槲皮素-3-O-α-L-阿拉伯吡喃糖苷，槲皮素和山奈酚。结果证实，番石榴叶生物活性随发酵时间的增加呈现三阶段变化趋势：发酵初期快速升高（1 ~ 7天），发酵成熟期逐渐降低（8 ~ 13天），发酵过度期保持不变或者略有降低（发酵13天后）；相关性分析结果也证实：番石榴叶总酚含量、总黄酮含量、槲皮素及山奈酚与体外抗氧化活性以及α－葡萄糖苷酶抑制活性有极显著的相关性。

微生物发酵结合酶加工进一步促进了番石榴叶多酚释放以及黄酮苷元定向生物转化。相对于未发酵番石榴叶，其总可溶性多酚、黄酮、槲皮素与山奈酚含量分别增加了2.1，2.0，13.0与6.8倍；发酵结合复合酶加工明显提高了番石榴叶提取液DPPH、$ABTS^+$和NO_2^-自由基清除能力以及还原力活性；发酵结合复合酶加工番石榴叶（IC_{50} = 5.9 μg/mL）对α－葡萄糖苷酶抑制活性也明显高于发酵加工番石榴叶（IC_{50} = 9.5 μg/mL）与未发酵番石榴叶（IC_{50} = 14.5 μg/mL）。

目　录

第一章 绪 论

1.1 引言

正常情况下，生物体内新陈代谢会产生大量的自由基。当机体出现外源或者内源性因素造成无法清除或者清除自由基能力减弱时，就会导致机体正常细胞以及组织的损伤，使核酸突变，产生各种疾病，如老年痴呆症、帕金森病、心脏病和肿瘤等，并加速人类衰老[1]。而糖尿病的病因和发病机制也非常复杂，目前的主流观点包括胰岛素抵抗、胰岛 β 细胞功能衰竭和胰岛素分泌障碍等因素。除遗传因素外，环境因素与糖尿病也有重要关系[2]。例如体内自由基积累过多、饮食热量摄入过多、体力劳动减轻、心理应激增加均与糖尿病有着密切的相关性。截至 2013 年，我国高血糖人数已高达 2.5 亿人，糖尿病患者已超过 1 亿人，并且有急剧上升的趋势。而目前市面上购买的糖尿病药物，均存在或多或少的副作用以及药物依赖性。许多研究已经证实，天然产物提取液不仅具有较强的抗氧化能力、降血糖与降血压等功效，而且取材天然，无毒副作用，也不会产生耐药性。因此迫切需要研究和开发质量可控、功效明确、生物活性成分稳定的天然保健产品。

在南美洲或欧洲等众多国家，番石榴叶在防治糖尿病方面有着数千年的民用基础[3]。我国民间也常用番石榴叶蒸煮物或者冲泡液来预防或辅助治疗糖尿病和肥胖症。多项药理学实验已经证实，番石榴叶水提液不仅无毒性，而且在抗氧化损伤、治疗糖尿病、抑菌等方面有着极其显著的效果[4, 5]。目前市场上存在番石榴叶的茶叶粗制产品，一方面，由于其原料来源、地域气候差异、炮制加工等因素造成产品功效成分不稳定，质量参差不齐，缺乏番石榴叶茶类原料质量评估及控制方法; 另一方面，核心功效成分不明确，有效活性成分利用率低及口感差等问题，严重阻碍了其产品在市场上大范围推广。本研究的目的是解决目前番石榴叶研究中存在的关键科学 / 技术问题，进而开拓天然产物资源利用，为充实天然产物固态发酵协同增效机制提供一定的理论基础。

1.2 番石榴叶概述及国内外研究进展

1.2.1 番石榴叶概述

番石榴（Psidium guajava L.），俗名鸡矢果，为桃金娘科（Myrtaces）药用植物。番石榴为常绿小乔木，广泛生长于热带及亚热带地区，后传入温带及亚热带地区，在我国两广地区、台湾、四川、福建与云南等省区均有分布或栽培。国外例如巴西、印度、墨西哥、哥斯达黎加等国家均有不同的番石榴品种，而我国主要有胭脂红、台湾珍珠、台湾红心、新世纪等十几个品种[6]。番石榴叶是番石榴属植物的嫩叶或者带叶嫩茎。由于番石榴叶提取液不仅具有多种药理学功效，也具有茶类产品独特的风味与口感，我国一些茶厂已将其加工成一系列功能性保健茶类产品，如图 1-1 所示。

图 1-1 番石榴叶与番石榴叶茶产品

1.2.2 番石榴叶活性成分研究进展

番石榴叶营养物质非常丰富，包括粗多酚 9.4%，可溶性蛋白 7.9%，粗多糖 3.52%，纤维素 11.57%，半纤维素 10.3%，挥发油 7.5%，灰分 4.5%。其多酚以及蛋白质含量略高于其他的天然产物类植物叶子[7-9]。另外，番石榴叶中还含有三萜类、鞣质类、维生素 C 与矿物质等其他功效活性组分[10]。Rosa 等人已经证实番石榴叶中有主要功效活性组分是多酚类、黄酮类以及萜类[11, 12]。

1.2.2.1 多酚类与黄酮类化合物

多酚类化合物是植物基质中含量丰富的一类复杂多羟基类的次生代谢产物，其含量仅次于纤维素和木质素。而黄酮类化合物是指具有 2- 苯基色原酮（flavone）结构的化合物，其大部分呈现黄色，也是植物体内重要的次级代谢产物。植物多酚通常以糖苷或者酯类形式存在于植物基质。茶多酚是茶叶中多酚类和儿茶类成分，如花青素、黄酮类、酚酸类成分的总称[13-15]。D í az-de-Cerio 等人用 80% 乙醇溶液提取西班牙番石榴叶茶多酚化合物，并通过 UPLC-ESI-TOF/MS 手段成功鉴定了 72 种多酚类化合物[6]。王光等人在最佳工艺条件下，用乙醇浸提法获得番石榴叶总黄酮得率可达 5.54%，而微波萃取法获得总黄酮得率可达 6.04%[16]。天然产物中多酚类化合物主要包括两类：酚酸类（原儿茶酸、鞣花酸、没食子酸、阿魏酸、咖啡酸与绿原酸）以及黄烷酮类化合物（无色花青素、番石榴苷、萹蓄苷、芦丁、(+)- 儿茶素、没食子儿茶素、长生苷、槲皮素糖苷、山奈酚糖苷类、槲皮素与山奈酚）等[17]。而西班牙番石榴叶中主要的多酚类及黄酮类化合物部分结构式如图 1-2[6]。

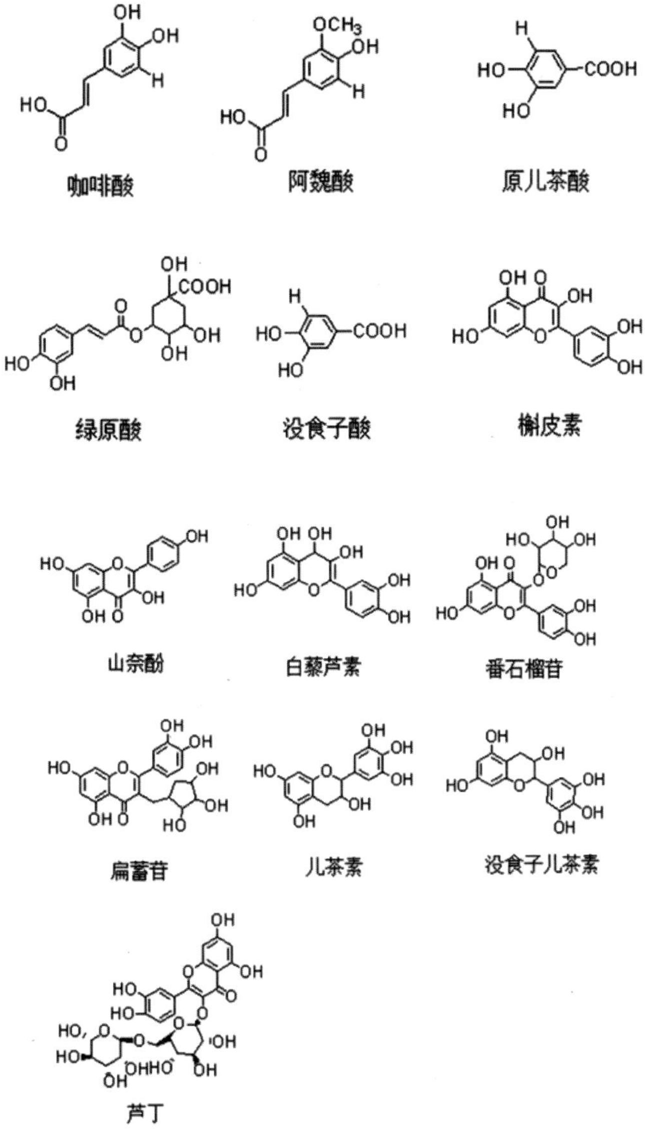

咖啡酸 阿魏酸 原儿茶酸

绿原酸 没食子酸 槲皮素

山奈酚 白藜芦素 番石榴苷

扁蓄苷 儿茶素 没食子儿茶素

芦丁

图 1-2 番石榴叶中主要的多酚与黄酮成分化学结构

1.2.2.2 萜类化合物

萜类化合物是由五碳异戊烯基二磷酸（IPP）与其异构体二甲基烯丙基二磷酸（DMAPP）的连续缩合形成异戊二烯基二磷酸酯单体进一步生物合成所得[18]。番石榴叶的萜类主要有三萜、倍半萜以及杂萜化合物。其中番石榴叶的倍半萜主要是指挥发性油以及精油等成分。李吉来等人通过蒸馏法获得番石榴叶挥发油，并通过气质联用技术对其化学成分进行了分析，共分离出 93 个峰，鉴定了 60 种成分，主要成分为倍半萜类与单萜类[19]。Sabira 等人从新鲜番石榴叶中分离提取到 11 种萜类 (G–I~ G–XI)，其中所获得的 G–IX 含量达到 0.25 mg/g 鲜叶[20]。也有研究运用加压溶剂提取结合 HPLC–DAD–ELSD 同步检测方法发现番石榴叶中含有大量的三萜成分[21]。张婷婷对番石榴叶三萜类成分的含量进行了测定，结果显示番石榴叶样品中 PG-1、PG-2、PG-3 的平均含量分别为 0.28%、0.51% 和 1.20%[22]。而番石榴叶中萜类成分主要是母核为乌苏酸的五环三萜类化合物，其次为齐墩果烷型化合物。分析发现，齐墩果酸（Oleanolic acid）、熊果酸（Ursolic acid）、β－石竹稀（β-sitosterol），熊果醇（Uvaol）是番石榴叶中比较重要的萜类物质，由于其脂溶性强，其药物制剂的溶出度不理想，存在口服吸收情况比较差、很难被机体吸收的问题（图 1-3）[23]。

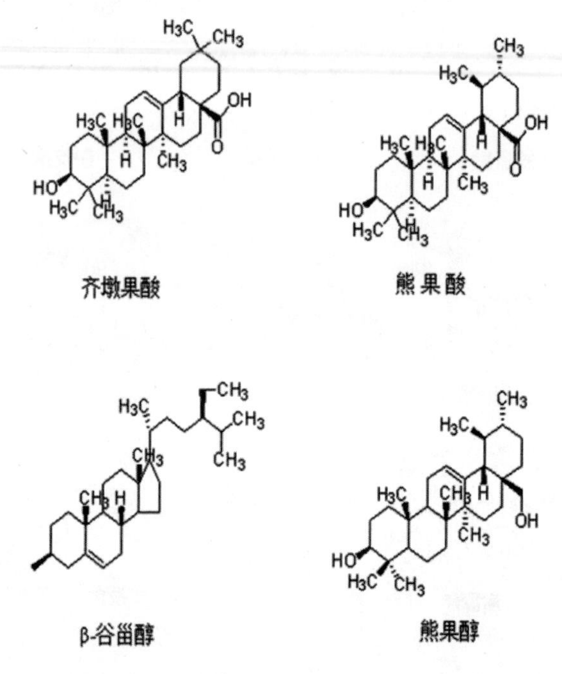

图 1-3 番石榴叶萜类成分化学结构

最近 Tang 等人从番石榴叶乙醇提取物中分离得到 28 种混源萜类化合物（Psiguajadial A 与 Psiguajadial B），并验证了番石榴叶混源萜类的特征为以 3,5- 二甲酰－苄基－间苯三酚为中间体与单萜或倍半萜单元偶联[24]。混源杂萜 Psidial B 和 Psidial C 以及三萜物质可降低负性调节因子蛋白酪氨酸磷酸激酶 1B（具有胰岛素信号转导作用）的表达，从而改善胰岛素抵抗能力[25]。

1.2.2.3 多糖

多糖是树叶或者天然产物茶类中重要的活性成分之一，近年来受到越来越多的关注。据报道茶叶多糖具有抗氧化、降血糖、降血脂、免疫调节和抗癌等多种活性。李海珊等从江西婺源绿茶中提取了茶多糖，通过小鼠实验表明茶多糖可以明显提升小鼠器官指数，增强巨噬细胞吞噬能力，降低结肠内环境 pH 值，明显升高结肠内的短增强链脂肪酸含量，说明茶多糖具有维护肠道健康与增强机体的免疫调节能力[26]。Chen Haixia 等从乌龙茶中提取分离到一种具有水溶性、缀合了蛋白的酸性杂多糖，糖醛酸、蛋白和中性糖的含量分别是 40.65%，19.59% 和 26.66%。其单糖组份是鼠李糖、阿拉伯糖、半乳糖和葡萄糖。此乌龙茶多糖对羟自由基具有很强的清除能力，能有效抑制脂质过氧化[27, 28]。Mao 等人从普洱茶中提取分离出 TPS1、TPS2、

TPS3 和 TPS4 四个多糖组分[29]。曾昭智等通过超声技术提取番石榴叶多糖成分，最高多糖得率可达到 5.41%[30]。Khawas 等通过水提醇沉法提取番石榴叶多糖，并对其多糖 F1 进行分离鉴定以及 Smith 降解分析，发现番石榴叶多糖 F1 组分具有体内抗咳嗽作用[31]。杜阳吉等研究证明，番石榴叶多糖对碳水化合物水解酶有着较强的抑制能力，其中对麦芽糖酶、蔗糖酶、α－淀粉酶的抑制率分别为 20.6%、29.3%、31.9%[32]；Seo-Young Kim 等从番石榴叶中分离出一种酸性多糖对过氧化氢诱导的氧化应激有保护作用，能抑制过氧化氢诱导的活性氧的生成、脂质过氧化和细胞死亡[33]。

1.2.2.4 其他功能成分

除此之外，番石榴叶还含有皂苷、挥发油、无机元素等丰富的功能成分。番石榴叶中挥发性成分主要是倍半萜和单萜，目前已经成功通过 GC/MS 方法鉴定出 60 多种挥发性成分。我们课题组的前期研究显示，中国不同地区的番石榴叶挥发性成分大约 50 多种，其中占主要的是 β－石竹烯（36.8%）[34]。Ayda Khadhri 等测定番石榴叶挥发油的含量达到 0.66%（v/w），其中 Veridiflorol 占 36.4%[35]。番石榴叶中的矿物质主要包括锌、镁、铬、钒等无机元素。王波利用电感耦合等离子体－原子发射光谱法（ICP-AES）发现番石榴叶中铬、钒、镁等矿物质含量分别为 11.41、49.54、9259.08 mg/kg[36]。许雪飞测定番石榴叶中也含有许多微量元素包括锌与锰，能够激活糖代谢相关的辅酶，进而提高葡萄糖的利用率[37]。

1.2.3 番石榴叶药理活性研究进展

1.2.3.1 抗氧化活性

药理学实验证明，番石榴叶提取液有着极强的抗氧化活性，能够抑制脂质化合物的过氧化，在食品保鲜方面有着应用广泛前景；还能够清除人体内过多的羟自由基和超氧自由基，防止人体内细胞自由基损伤。研究表明，番石榴叶抗氧化活性主要与其提取的黄酮及总酚的含量有关。王波等通过体外抗氧化性研究证明，番石榴叶提取物的抗氧化活性与其总黄酮含量具有较强相关性[38]。Chen Hui-Yin 研究发现番石榴叶提取液自由基的清除能力随着提取液中多酚浓度增加而不断得到增强，且与酚类物质的浓度呈现显著的线性关系[14]。Chetri K 研究发现番石榴叶甲醇提取液中总黄酮、总多酚及抗氧化性都高于乙醇提取液[39]。Ashraf A 等人研究番石榴叶的几种主要黄酮类化合物的抗氧化活性，结果发现槲皮素具有最强的抗氧化能力[40]。

1.2.3.2 降血糖活性

努力探索和积极寻找治疗和控制糖尿病的理想方法与药物，已成为当今急待解决和攻克的重点课题之一。天然产物提取液具有作用温和、无毒副作用、功效强等优点，开发利用潜力很大。其中番石榴叶因为显著的降血糖作用而备受关注，其降血糖机理主要包括增强胰岛素抵抗能力，提高胰岛素的敏感性，改善胰岛细胞功能，抑制碳水化合物水解酶作用，促进肝糖元合成等作用。

（1）增强胰岛素抵抗，改善胰岛功能：金属蛋白酶（IDE），是一种能够使人体内分泌的胰岛素降解、失活的酶。当其在人体内过表达时，会明显降低体内胰岛素抵抗力。番石榴叶水提液可以抑制 IDE 的基因表达，增强胰岛素敏感指数，进而增强胰岛素抵抗[41]；番石榴叶提取液也可以促进胰十二指肠同源性基因的表达，刺激胰岛 β 细胞的增殖与分化，进而提高胰岛素的分泌[42]。这说明番石榴叶水煎剂对患糖尿病小鼠胰岛 β 细胞的结构和功能上的损伤具有一定程度的修复作用。研究也发现，番石榴叶提取物中多酚类可以提高克隆大鼠肝细胞葡萄糖的吸收，槲皮素能促进肝细胞对葡萄糖的摄取，其黄酮苷元成分能显著地促进 I- 胰岛素与大白鼠附睾脂肪细胞胰岛素受体结合，从而有效地增强胰岛素的敏感性。

（2）抑制碳水化合物水解酶作用：α- 葡萄糖苷酶和 α- 淀粉酶是一类能够将多糖类或者双糖化合物水解成为单糖的碳水化合物水解酶。研究表明餐后血糖浓度的升高与人体内碳水化合物水解酶有着密切的联系。抑制碳水化合物水解酶的活性可减缓葡萄糖的吸收，降低餐后高血糖，从而达到治疗糖尿病的目的。通过对链脲佐菌素诱导的糖尿病小鼠模型展开 α- 葡萄糖苷酶抑制试验，结果显示番石榴叶提取液对 α- 葡萄糖苷酶抑制率可高达 80%[43]。杜阳吉等研究证明，番石榴叶中的多糖对碳水化合物水解酶等有着较强的抑制能力，对蔗糖酶、麦芽糖酶、α- 淀粉酶的抑制率分别为 29.3%、20.6%、31.9%[32]。

（3）促进肝糖元合成作用：越来越多的研究发现，番石榴叶提取物中的主要成分黄酮类（槲皮素）及酚类物质能够显著促进糖尿病小鼠肝糖元的合成，增强血糖代谢，番石榴叶提取液可以明显增强糖代谢途径中磷酸果糖激酶、己糖激酶和葡萄糖 6- 磷酸脱氢酶活性，降低糖尿病小鼠的血糖 [44]。Deguchi 等人在番石榴叶茶提取液对糖尿病患者临床试验中，发现患者餐后血清中胆固醇、甘油三酯与血糖水平显著降低、明显改善了患者高血糖症状；且试验者肝和肾脏功能以及其他组织化学成分都无异常变化，未检测出副作用 [45]。

1.2.3.3 降血脂活性

番石榴叶中槲皮素与槲皮素 -3-O- 葡萄糖苷均能通过抑制 C/EBP α 和 PPAR γ 表达而实现抑制小鼠 3T3-L1 细胞成脂分化作用，从而达到血脂控制 [46]。李璇等人证实番石榴叶提取物能够通过抑制 PPAR γ2 和 C/EBP α 的表达进而有效降低肥胖小鼠体重，抑制小鼠血脂的升高，且呈现一定的剂量依赖关系 [46]。Chiwororo 等人证实番石榴叶醇提物对酪氨酸磷酸酯酶 IB 的活性有明显的抑制效果，能够达到降血糖以及降血脂的功效，而且它们之间也存在剂量依赖关系 [47]。

1.2.3.4 抑菌作用

番石榴叶提取物对各种微生物均有广谱的抑菌效果 [48]。陈淳发现番石榴叶黄酮化合物对甘蓝黑斑病菌、茄子白绢病菌、白菜炭疽病菌、黄瓜枯萎病菌的室内抑菌 EC_{50} 分别为 209、184、180、102 mg/mL[49]。Nair Rathish 等人发现番石榴叶乙醇提取液有较强的抑菌作用，其中对轻型链球菌、变异链球菌及口腔链球菌的最小抑菌浓度均低于 250 μg/mL，而其甲醇提取液对葡萄球菌的最小抑菌溶度为 625 μg/mL[50]。Nair Rathish 通过番石榴叶不同溶剂提取液对 91 种细菌及真菌进行了抑菌实验，发现其对 74.72% 的菌株均有显著的抑菌效果；且对革兰氏阴性菌及真菌的抑菌效果明显强于革兰氏阳性菌 [50]。Rattanachaikunsopon P 等人通过分离获得槲皮素等四种黄酮，研究其对 7 种食物致病菌的抑菌性，发现分离的这几种黄酮具有较强的抑菌活性 [51]。秦苗苗等人也证实番石榴叶提取液对金黄色葡萄球菌、大肠杆菌以及芽孢杆菌均有较强的抑菌作用。

1.2.3.5 其他生物药理活性

除了上述的生物活性外，番石榴叶还有抗炎症、抗病毒、抗肿瘤等药理活性。番石榴叶皂苷对体外轮状病毒的最高抑制率分别达到 62.12% 和 77.98%，且随着皂苷浓度的增加，病毒抑制率明显升高[52]。汪梅花等证明了番石榴叶挥发油、槲皮素、熊果酸能够直接抑制病毒复制，降低病毒的毒力与侵染能力，增强其对轮状病毒的抵抗力[53]。国内也有研究发现番石榴叶的粗黄酮提取液对宫颈癌（Hda）细胞及食管癌（E1c09）细胞生长具有抑制作用，且抑制率分别为70.84%，69.95%[54]。赵立香研究发现番石榴叶提取液可以促进金银花提取液的抗炎作用，随着番石榴叶剂量增加，抗炎作用随之增强[55]。

1.2.4 番石榴叶研究中目前存在的关键科学问题

番石榴叶品种繁多，国外主要包括巴西、印度、意大利、泰国、哥斯达黎加番石榴等品种，而国内也有十几个品种。目前对番石榴叶的研究主要是集中在各活性组分分离与鉴定分析以及总提取液生物活性评估。例如，D í az-de-Cerio 等人通过 80% 乙醇溶液提取西班牙番石榴叶多酚化合物，用 UPLC-ESI-TOF/MS 手段成功鉴定了 72 种多酚类化合物[6, 56]。Adedayo 等人研究尼日利亚番石榴叶多酚组分，仅仅分离鉴定了 15 种多酚类化合物，而且与西班牙番石榴叶品种组分差异较大[57]。Chen Hui-ying 研究不同品种番石榴叶提取液抗氧化活性，发现不同品种番石榴叶抗氧化能力差异较大[14]。因此，品种、样品来源与加工方法差异对番石榴叶质量有较大影响，也是造成其功效不稳定性的因素之一。目前对于番石榴叶原料质量评控方法的建立还没有相关研究报道。

许多研究已经证实，番石榴叶提取液具有很强的降血糖与抗氧化生理活性，而这些研究均针对于番石榴叶复杂提取液[14, 58, 59]。对于其具体哪类成分具有抗氧化或降血糖作用；哪几种成分是番石榴叶核心功效成分，并不明确；而且番石榴叶基质中多酚类通常与纤维素、半纤维素、多糖或者蛋白质以共价键形式连接，难以提取出来，造成其许多活性成分不能被充分利用。这将严重制约番石榴茶类产品在市面上推广。

1.3 指纹图谱技术

1.3.1 指纹图谱概念

“指纹图谱”借用了法医学指纹鉴定的概念。虽然每个人的指纹仅有三种共性模式：拱形、环形和螺纹形。但是由于指纹的唯一性，其在细微处有非常大的差异。所谓“天然产物指纹图谱”即天然产物化学指纹图谱[60]。对于同种天然产物材料，由于其具有先天遗传性，因此所含化学成分也具有群体共性特征。但是因其环境，采集时间及加工方法的不同可能产生个体间化学组分较大的差异。根据天然产物药效研究结果表明，任何单一的活性化学成分或指标成分都难以评价中药的真伪和优劣。而中药指纹图谱分析就是利用现代先进的分析仪器测试与多种分析手段建立反映天然产物化学组成的整体性、特征性与稳定性的规范化图谱，以便准确识别与监测不同天然产物本身的真伪和质量优劣[61]。国家药品监督管理局自颁发《中药注射剂指纹图谱研究的技术要求（暂行）》（国药管注 [2000] 348 号）以来，中药指纹图谱技术对我国天然产物的研究起到巨大推动作用。目前，指纹图谱技术（Traditional Chinese Medicine Fingerprint）已成为国内外公认的鉴别品种和评价天然产物质量的最有效手段[62]。国际上对于依靠色谱指纹图谱技术对天然产物产品进行质量控制这一点上，意见也是比较一致的。

1.3.2 构建指纹图谱方法

目前构建指纹图谱的方法有很多种，归纳起来主要包括色谱法、光谱法、X 射线衍射法以及DNA指纹图谱法[63]。在实际应用时，我们可根据需要，选用一种或几种方法对样品进行分析。

（1）色谱法

目前最常见的指纹图谱构建方法是色谱法（薄层层析色谱，高效液相色谱HPLC，气相色谱GC）。由于薄层层析色谱方法简单，不需要昂贵的特殊设备，是色谱法中最方便的一种方法之一，但是对于复杂混合体系其方法重现性差，灵敏度也差[64]。GC/MS主要针对于低沸点、易挥发性物质如单萜类化合物与挥发性风味成分。GC与HPLC指纹图谱一样，具有高灵敏度、重复性好等特点，其往往与固相顶空微萃取装置相连，用于建立风味成分指纹图谱，进行食品或者茶叶特征风味评控。而天然产物中大部分活性成分主要为高沸点物质，如多酚类、黄酮类、皂苷类、多肽以及多糖等，这类活性成分大多采用HPLC/MS检测。因此，在中药指纹图谱研究领域中，HPLC比GC的应用范围更加广泛[65]。高效液相色谱具有流动相选择性广、仪器精密性高以及重现性好等特点[66]。目前高效液相色谱联用质谱技术广泛应用于天然产物质量分析，由于其具有高分离能力、高灵敏度以及结构鉴定能力，可以形成指纹图谱-结构-活性分析。其不仅能够对天然产物复杂混合体系质量进行整体评价，还可以找出天然产物中特征性活性组分。马欣等利用HPLC-ESI-TOF/MS方法对银杏叶提取物建立了多维指纹图谱，同时对银杏叶中有效成分进行检测，发现主要为黄酮和内酯类成分[67]。

（2）光谱法

光谱法是也是构建中药指纹图谱库方法之一，其中包括红外光谱、拉曼光谱以及紫外可见光光谱[68]。光谱法在一定程度上可以反映不同中药样品整体化学成分的差异。某些情况下，虽然一些伪品在形态上与正品极为相像，肉眼无法分辨，但其化学成分的组成及含量与正品必有差异，这种差异在其光谱特征上必有所反映。中草药各种化学成分只要质和量相对稳定，并且样品的处理方法按统一要求进行，则其光谱特征也应该是相对稳定的。但是光谱法建立的中药指纹图谱对于复杂的混合体系质量监控来说，其鉴别专属性较差，分辨率低[69]。如果样品之间亲源关系较近，它们的化学组分差异也较小，这样就无法利用光谱指纹图谱进行区分。所以光谱指纹图谱一般主要应用于中药样品真伪的鉴别。

（3）X射线衍射法

X射线衍射是一种针对于固态粉末样品测试的一种现代技术手段，样品的衍射晶面的相对距离、分子内成键方式、分子的构型、衍射的相对强度是其固有属性的反映，从而决定了该物质产生特有的X衍射图谱[70]。虽然天然产物的组成较为复杂，但只要控制采集时间、来源或者加工方法等影响因素后，其化学组成也就相对稳定，因而其衍射图谱也较为稳定。而不同种类药材或者经过加工处理后的药材的组成各不相同，它们的叠加衍射图谱便不同，据此可用于中药真伪的鉴别。由于X射线衍射具有重复性好，专属性强等特点，因此其在中草药或者矿物药质量评估与鉴别上有独特的优势与广阔的应用前景。

（4）DNA指纹图谱

众所周知，核苷酸（DNA）序列是生命有机体细胞、组织、器官构建以及维持和繁殖生命所必需的遗传信息。DNA指纹图谱往往是用于鉴别不同品种、品系或者不同基因型以及亲本与后代遗传信息传递等方面的有力工具。通常利用现代分子生物学技术构建其特征性DNA指纹图，DNA 指纹图谱既具有机体 DNA 共性，同时又具有进化的个体特异性[71]。目前限制性内切酶片段长度多态性是构建样品 DNA 指纹图谱最广泛的技术，该方法虽然可靠，但是必须提供目标 DNA 序列信息，而且其耗时耗力[72]。而随机扩增多态 DNA（RAPD）标记，能够在缺乏目标 DNA 片段信息的情况下，对未知 DNA 的进行多态性分析，且此方法操作流程简单、对设备要求低、通用性也好，这是构建中药指纹图谱的新方法，具有广泛的应用前景[73]。

1.3.3 指纹图谱技术的应用

目前指纹图谱技术在天然产物方面的应用主要集中在中草药材品质的鉴定、天然产物质量的控制以及制定中草药成药质量标准。王树春等采用 X- 衍射傅里叶谱分析法识别比较了熊胆与伪品、天然熊胆与引流熊胆汁干燥品的区别[74]。冯毅凡建立了 GC 指纹图谱，可作为其原料药真伪判断标准[75]。魏刚采用指纹图谱技术对醒神注射液复方液剂建立了 GC/MS 图谱，并建立了质量标准[76]。国际上采用指纹图谱对植物源天然产物进行质量控制，具有非常好的效果。如德国用指纹图谱技术对银杏制剂的质量进行控制，使其产品在市场上具有高效、稳定以及很强的竞争力。粟晓黎等以鬼臼所含毒性成分为分析对象，建立的 HPLC 指纹图谱分析法可以简便快速鉴别不同来源鬼臼[77]。

目前市面上番石榴叶原料受其地域、品种、环境等条件差异，造成中草药或者茶类产品质量批次差异非常大，从而造成功效不稳定。然而，目前对番石榴叶质量均一性没有明确的规定，均是采用含量测定的方法确定几个主要化合物不得低于标准规定的限定值即可。这种方法明显不符合标准药物应具备的产品合格属性，即“有效、安全、稳定、质量可控”。因此，本研究期待通过建立番石榴叶活性成分指纹图谱技术，以便对番石榴叶原料质量进行快速评控。

1.4 天然产物微生物固态发酵协同增效作用

1.4.1 天然产物微生物发酵的历史与现状

微生物发酵天然产物作为一种新型的加工工艺，不仅改变了传统煎、熬、炼、煮、浸泡等工艺，而且还能增强天然产物保健功能等作用。在相同微生物炮制工艺中，添加不同的培养基，可以获得针对不同适应性病症的药材。例如，以桑叶、青蒿作为发酵基质，获得的发酵产物可用于治疗风热感冒以及热病胸闷症状；而以麻黄、紫苏为发酵基质，获得的发酵产物可用于治疗风寒感冒以及头疼发热症状。目前临床应用的发酵制品包括片仔癀、淡豆豉、沉香曲，红曲米等，其工艺均为微生物固态转化形成的经典药物。

20 世纪 70 年代以来，中草药或者天然产物发酵主要集中在大型药用真菌发酵产生的次级产物，如灵芝菌丝体、冬虫夏草以及其他一些药用食用菌均是单一发酵。而现代中草药发酵已经从单一发酵过渡到了复方发酵，并且取得了较好的成果。现代利用天然产物发酵获得具有营养保健功能的食品，例如以大豆芽为原料，加入适配辅料，经双歧杆菌、嗜酸乳杆菌和双歧杆菌联合发酵制成的发酵产品有益于保持胃肠道健康。杨海龙等利用真菌灵芝对薏苡仁进行转化，进而增强了薏苡仁的生物活性[78]。“康复灵”为抗癌验方，主要成分有党参、薏苡仁、猪苓、灵芝发酵菌、麦冬、淮山药等，经微生物发酵转化后多数样品对小鼠 /180 肉瘤生长的具有较强的抑制作用[79]。这些事例充分说明微生物发酵已成为天然产物现代化研究的重要内容之一。国外也有许多天然产物发酵协同增效获得功能保健食品，例如日本的纳豆，采用芽孢菌发酵大豆，促进其功效成分释放。

1.4.2 微生物发酵促进天然产物有效活性成分的释放与利用

多酚化合物是一类存在于豆类、植物叶类以及谷物类中具有重要生理活性的天然抗氧化剂。通常，多酚化合物分为游离型多酚、缀合态多酚及不可溶性－结合型多酚三类（如图 1-4）。其中游离型多酚多存在于植物细胞的液泡内，可以用传统的方法高效地提取出来；而缀合态多酚及不可溶性－结合型多酚通常与细胞壁的结构组分如纤维素、半纤维素、木质素、蛋白质、多糖、果胶质等形成共价复合物 [80, 81]。因此，普通的有机溶剂无法高效地提取缀合态多酚及不可溶性－结合型多酚，必须借助其他技术使其水解释放出来。

研究报道表明，微生物固态发酵可以促进植物基质或者谷类食品活性成分的释放。此外，这种加工技术不仅绿色环保，还可以极大增加发酵产品的附加值 [82-88]。例如 Vattem 等人利用食用真菌香菇对蔓越橘皮进行固态发酵，发现其没食子酸的含量增加了 49%。Lee 等人利用不同的丝状真菌（黑曲霉以及米根霉菌）固态发酵大豆制备曲，显著地提高了大豆多酚与花青素的含量，进而增强了其抗氧化活性。研究还表明，不同的微生物组合发酵大豆曲豉后，其生物活性成分有明显的差异 [83]。Starzynska-Janiszewska 等人利用根霉（Rhizopus oligosporus）发酵豌豆煮熟的种子，明显地提高了其抗辐射能力 [89]。Bhanja 利用黑根霉（Aspergillus oryzae）与泡盛曲霉（Aspergillus awamori）共发酵小麦籽粒，极大地提高了小麦籽粒多酚含量以及抗氧化活性 [90]。Zhang 等人利用大型药用真菌冬虫夏草发酵陈米，使其化学组分与营养价值大大提高。Singn 等人利用 Trichoderma harzianum 发酵大豆产品，发现相对于未发酵大豆，发酵后产品抗氧化活性明显提高，这是由于发酵极大地促进了其酚酸、黄酮、异黄酮苷元的释放 [91]。除了丝状真菌以及大型食用真菌以外，芽孢杆菌、乳酸菌、双歧杆菌及酵母菌也可用于发酵释放天然产物中多酚类物质。Sarkar 利用枯草芽孢杆菌发酵大豆种子，发现发酵后的大豆种子其儿茶酸、没食子酸、表儿茶素的含量分别提高了了 7.6 倍、2.8 倍、4.5 倍 [92]。有研究报道利用乳酸菌发酵燕麦，使燕麦中酚酸含量增加了 20 多倍，其中阿魏酸由发酵前的 1 μg/g 增加到 39~56 μg/g。Moore 等人用酿酒酵母（Saccharomyces cerevisiae）固态发酵小麦麦麸，其中阿魏酸与丁香酸含量分别提高 0.55 倍和 3.33 倍，然而香草酸含量下降了 37.3%，这可能是由于发酵度控制不当造成其被微生物降解或者转化成其它物质 [93]。

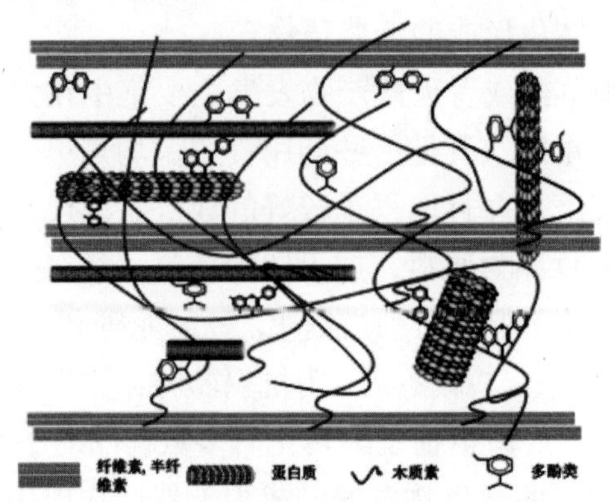

图 1-4 多酚类活性化合物在植物基质中分布

研究表明，发酵时间、发酵菌株以及发酵条件都会成为影响发酵产品质量高低的关键因素[94]。有研究报道证实，当发酵过度时，不但不会提高产品生物活性组分的含量，反而会降低其一些关键活性成分的含量。Zhang 等人用黑曲霉固态发酵苦荞麦叶时，发现发酵的苦荞麦叶生物活性随着发酵时间的延长，呈现三阶段变化趋势：发酵前期提高，成熟期降低，而发酵过度期下降，直至保持不变[95]。因此，如何快速判断发酵产品成熟时间（发酵度）也是影响发酵产品质量优劣的重要指标之一。

番石榴叶中虽然存在大量的多酚与黄酮类物质，但是大部分活性组分均没有被充分利用，从而影响了番石榴叶茶类产品的功效与利用价值。大量酚类化合物均以结合态形式存在于番石榴叶中，而普通的有机溶剂或者水对其活性组分提取效率非常低。本研究期待筛选合适的食品级菌株，通过微生物发酵方式促进番石榴叶活性组分的释放，进而提高番石榴叶活性成分的利用率；虽然前面已经有许多研究报道发酵能够促进一些谷物、豆类基质或者茶叶多酚释放，但是均没有阐明微生物发酵促进其酚类成分释放的机理，本研究希望能够阐析番石榴叶发酵过程中相关水解酶系与多酚释放关系，完善中草药发酵增效理论体系；再者，由于发酵程度是影响发酵产品质量的重要指标之一，目前并没有任何研究聚焦在如何快速判断以及控制发酵产品的发酵度，本研究也希望建立一种快速判断番石榴叶高附加值发酵产品发酵度的新方法。

1.4.3 微生物发酵对天然产物生物转化增效作用

由于天然产物化学成分结构复杂，而改造天然产物活性分子结构的手段非常有限，主要是化学水解法及生物转化法。虽然化学水解法可以使黄酮结构发生醚化、脂化、酞基化等衍生反应，从而增强天然产物生物活性以及改善其化合物脂溶性[96]。但是由于其反应剧烈、无专一性、副产物多等因素，将造成食品或者中草药原料功效成分结构破坏。研究表明化合物酚羟基的数量与位置明显影响其生物活性，而化学水解法使黄酮化合物的酚羟基结构遭到破坏，影响其生物活性；而且其反应往往还需加入一些有毒的催化剂，因此很难控制其对环境的污染和破坏。相反，微生物发酵法具有反应选择性强、反应条件温和、副产物少、污染较小和后处理简单等特点。利用其自身体系产生的酶或者添加某些专一酶对其内源化合物进行催化修饰或者转化。国内外的很多研究主要是通过筛选一些食品级微生物包括大型食用真菌以及毛霉属、曲霉属和根酶属等真菌，通过其在发酵过程分泌的各种酶对天然产物化学成分进行甲基化、羟基化、氧化、酯化、还原化、乙酰化和羰基化等多种定向修饰以及转化，进而提高天然产物核心功效成分含量[97, 98]。吴鹏采用酶法水解黄酮苷中的糖基使其转化为苷元，提高抗氧化活性，银杏中黄酮物质经过复合酶预处理后，黄酮苷含量仅为 0.23%，芦丁含量降低了 0.905%，再用转化酶水解可获得高含量的苷元，产品银杏黄酮苷元含量达 59.65%，其中槲皮素占总黄酮苷元的 24.87%，山奈酚占 30.18%，异鼠李素占 4.60%，槲皮素与山奈酚的含量相比反应前分别提升了 1.228%、1.334%，与酸处理法相比，酶法转化后槲皮素的提高量为酸处理后的 58.06%，而山奈酚的提高量为酸处理后的 24.59%[99]。王曦等利用灰色链霉菌对青蒿素进行生物转化，在代谢产物双氢青蒿素的 C-9 位引入了羟基结构，成功地进行双氢青蒿素多位点修饰衍生物，也为进一步研究开发青蒿素提供了基础[100]。Ma 等从 20 种丝状真菌中筛选出亮白曲霉 CICC 2360 和多型孢毛霉 AS 3.3443，这两种菌能够对去氢木香内酯和木香烯内酯进行生物转化，通过特异性地羟化、环氧化及加氢反应，生成十余种具有生物活性的代谢产物，包括两种新型萜类化合物。这些衍生物的水溶性相比底物有了很大的提高[101]。Zhao 等人用乳酸菌发酵茶叶提取液，发现茶叶提取液多酚含量及抗氧化活性明显提高[102]。涂绍勇采用黑曲霉发酵转化沙棘黄酮苷生成黄酮苷元，发现添加黄豆粉作为氮源能够获得黄酮苷元，在最佳条件下，异鼠李素与槲皮素含量分别为 78 mg/g 和 22 mg/g[103]。Lin 等人用 Aspergillus awamori 对荔枝果皮提取物槲皮素 -O- 葡萄糖苷及山奈酚 -O- 葡萄糖苷物质进行转化合成槲皮素与山奈酚苷元[104]。

Cao 等人总结了有关微生物转化黄酮类物质的相关研究，结果表明小银克汉霉、青霉和曲霉是转化黄酮类物质的常用菌株，它们几乎能够高产地完成所有的生化反应，如羟基化、去羟基化、O- 甲基化、O- 去甲基化、糖基化、脱糖基作用、脱氢反应、环化以及还原反应等[105]。Roh 等人从黄豆酱中筛选出枯草芽孢杆菌 Roh-1，能够将黄豆苷转化为二羟基异黄酮和黄豆素，转化前后对比发现产物有很强的生物活性[106]。夏祥慧考察多株菌株对黄酮的转化作用，发现黑曲霉的转化效果较好。并对发酵条件进行了优化，在最优的发酵条件下沙棘总黄酮 DPPH 清除率及总抗氧化能力分别增加了 12.11% 和 7.35 U，黄酮苷元的转化率高达 41.17%[107]；徐萌萌以槐米为底物用黑曲霉进行固态发酵并对培养条件进行了优化，在最佳发酵条件下菌体量达到 32 g/L，同时芦丁转化率可达到 98% 以上，通过 HPLC 对发酵产物进行了检测，结果显示槲皮素是转化的产物[108]；研究表明，以红曲霉和米根霉固态共发酵大豆，明显增加了其异黄酮苷元的含量[109]。朱燕超用黑曲霉分泌的 β – 葡萄糖苷酶水解荷叶黄酮糖苷，获得大量的黄酮苷元，其中槲皮素为总苷元含量的 75. 34%[110]。结果表明，黄酮苷元在人体内抗氧化活性以及降血糖活性方面远高于黄酮糖苷类化合物[111]；而且人体摄入黄酮类化合物后，黄酮苷元可以被小肠吸收迅速进入血液中，而黄酮糖苷类化合物却无法直接经过小肠壁进入血液中，它们必须通过肠道中微生物分泌的酶水解和代谢，其中仅仅少部分黄酮糖苷能在结肠内被肠道益生菌分泌的酶水解成黄酮苷元后才能被吸收进入血液利用[112, 113]。如果人体肠道内缺乏一些关键微生物的水解作用，这些黄酮糖苷类化合物就未被小肠吸收而直接经过大肠排出体外，从而失去药效作用。因此，将番石榴叶黄酮糖苷类化合物进行释放或者定向转化能够进一步增强番石榴叶活性成分生物利用率。

1.4.4 红曲霉菌等发酵代谢产物辅助增强天然产物药理活性

目前市面上经微生物发酵形成的茶叶，一般采用渥堆混菌自然发酵，这种传统方法会造成许多不定因素：第一，真菌快速生长易产生某些毒素，长期饮用可能会引起中毒或者其他疾病；第二，混菌发酵过程中，由于国际上未明确列出的非食用菌的生长，引起发酵产品难以在市面上推广。而本研究采用自然纯化的益生菌，包括红曲霉、酵母菌与枯草杆菌等，解除微生物菌株与番石榴叶之间的相容性问题，通过共发酵形式发酵番石榴叶。天然产物发酵转化增效的研究较多，如红曲霉是一种有上千年应用历史的药用真菌，其发酵过程中产生一些酶能够促进天然产物活性成分释放与转化，进而提高天然产物生物活性，包括抗氧化活性物质、抗癌活性物质、降胆固醇及血压物质等。而且，红曲霉作为食品级菌株，在发酵过程中会转化产生许多功能成分：例如，莫纳可林 K 具有显著抑制胆固醇合成的作用，也能明显抑制人肝癌细胞的生长和代谢，也能够与番石榴叶降血糖等功能成分协同发挥作用[114]。麦角甾醇是脂溶性维生素 D_1

的前体，经光化学反应，生成维生素 D_2，维生素 D_2 在生命代谢调节功能上发挥重要作用，它能促进老年人和孕妇对钙、磷的吸收[115]。2006 年，Chen 等人研究发现，红曲具有一定的降血压的作用，进一步研究确定其降血压物质为红曲菌所产生的 γ－氨基丁酸（GABA）[116]。2000 年，日本 Nakamura 博士等以 SHR 大白鼠为实验材料，研究发现红曲菌及米曲霉，尤其是红曲菌有很强的降血压作用，东京警察医院通过对高血压患者的临床试验，进一步证实了含有高浓度 γ－氨基丁酸的保健红曲粉具有良好的降血压功效[117]。宋洪涛等采用了气相色谱对红曲霉中的代谢产物进行分析，表明其不饱和脂肪酸含量达 64% ~ 77%，多烯不饱和脂肪酸含量达 16% ~ 27%[118]。另有研究表明，共轭亚油酸（CLA），二十碳五烯酸（EPA），二十二碳六烯酸（DHA）有抗肿瘤、降血压、降血脂、防治心脑血管疾病等作用[119]。此外，共轭亚油酸还具有抗氧化、防治糖尿病的作用。红曲色素是红曲霉发酵的主要代谢产物之一，其作为一种优良的天然食用色素，在中国、韩国和日本一直被广泛使用[120]。研究显示红曲色素有多种生物活性，例如抗突变和抗癌功能。Qu J 等采用正己烷提取红曲色素，并证明其具有很强的自由基 DPPH 清除能力和一定的抗氧化作用[121]。Jungae Jeun 等人研究证明红曲色素有一定的抗动脉粥样硬化作用，而控制血清中脂质的含量，黄色素 monascin 和 ankaflavin 有利于减少与炎症有关的血管疾病的风险，还具有一定的抗炎功能，其中 monascin 还具有抗糖尿病的特性[122]。1996 年，丁前胜发明的“一种红曲真菌酒生产方法”证实红曲发酵液对治疗慢性肠炎、痢疾有特效。随着研究技术的发展进步，可以推测，红曲生物转化食品中的已知或未知成分的新用途、新功能将逐渐展现出来[124]。

1.5 本论文的选题依据，研究内容以及技术路线

1.5.1 选题依据

随着经济的高速发展和社会的进步，消费者对天然产物安全、健康和功效的要求越来越高。2017 年《中华人民共和国中医药法》实施，对天然产物有效成分探索、制造技术创新提出了新要求，要求天然产物必须质量可控、核心功效成分明确、药效稳定且无毒副作用。《“健康中国 2030”规划纲要》表明糖尿病防控是控制慢性病和实现“健康中国”目标不可缺少的重要内容，因此迫切需要研究和开发绿色高效天然保健产品。番石榴叶是一种民间常用的辅助降血糖果树叶。多种药理研究证实，番石榴叶还具有抗氧化、降血糖以及抑菌作用且无毒副作用。因此番石榴叶是一种天然保健的好原料。然而目前番石榴叶茶叶制品缺乏质量评控方法，活性功效成分不明确以及有效成分利用率低等一系列问题，严重制约了其在市面上大范围推广。

本研究旨在建立一种快速高效质量评控技术，达到对番石榴叶原料进行质量评控，并为下一步发酵增效筛选优质的原料；通过建立番石榴叶原料活性组分快速鉴别方法，明确其核心功效成分，即为后期发酵定向转化的目标组分；通过筛选相容性好的益生菌发酵提升番石榴叶活性多酚组分生物利用率，阐明其多酚活性组分释放的酶学机制；探索利用发酵结合复合酶两步法加工番石榴叶，同时促进其可溶性多酚的释放与核心功效组分的定向转化，大大增强番石榴叶生物活性。这将对于增强番石榴叶茶类或者其他天然产品（中草药或者功能食品）在慢性疾病防治（特别是氧化损伤、高血糖）方面有着重要的指导意义和应用价值，为推动健康中国建设提供科学理论和大健康物质支持，具有理论意义和广阔的应用前景。

1.5.2 研究内容及技术路线

一．研究内容

（1）构建不同来源番石榴叶原料黄酮活性成分特征性指纹图谱，结合化学计量学（HCA与 PCA）以及谱效关系分析，建立一种高效的番石榴叶原料质量评控方法；

（2）构建番石榴叶活性多酚组分抗氧化以及降血糖活性成分高效鉴别方法，明确番石榴叶多酚组分中核心抗氧化以及降血糖活性成分；

（3）评估发酵前后番石榴叶黄酮组分质量一致性；

（4）通过筛选合适的微生物，构建高效番石榴叶共发酵体系，促进番石榴叶可溶性多酚的释放。研究发酵过程中番石榴叶中多酚形式以及微生物产生的水解酶系变化趋势，探究发酵促进番石榴叶可溶性多酚释放的酶学机制；

（5）确定基于多酚释放控制番石榴叶发酵过程中的关键因子，找到影响番石榴叶发酵度的关键因子，指导获得高附加值的发酵番石榴叶产品；

（6）通过微生物发酵结合复合酶两步法加工促进番石榴叶核心功效成分释放与定向转化，增强其核心功效成分利用率，并阐明其核心成分定向转化途径。

二．技术路线

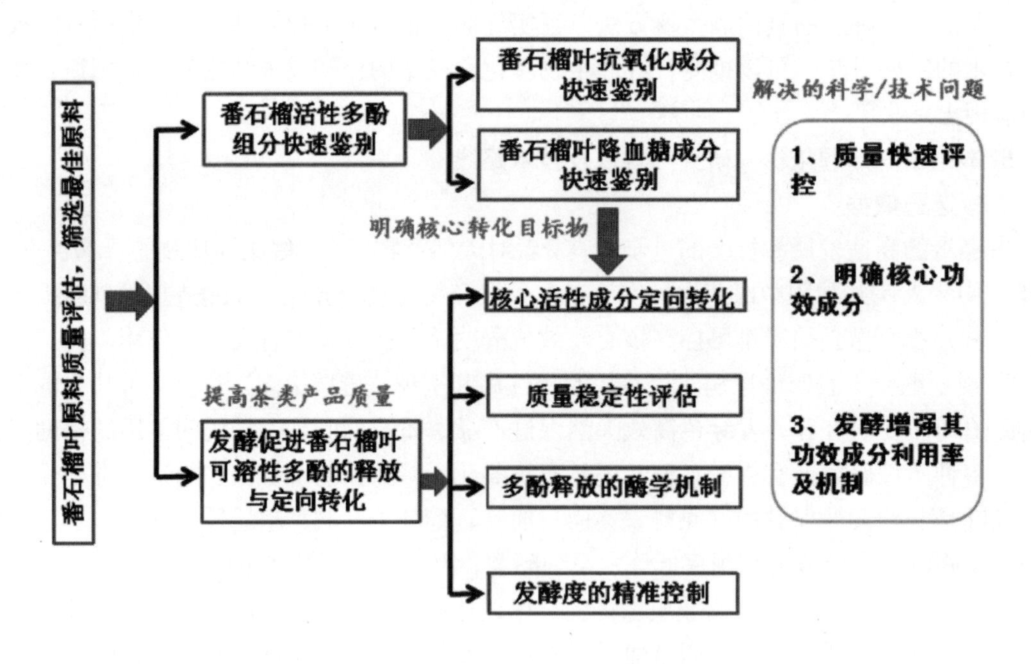

第二章 不同来源番石榴叶黄酮组分指纹图谱构建及特征分析

2.1 引言

番石榴（Psidium guajava L.），俗名鸡矢果，为桃金娘科（Myrtaces）药用植物[125]。在巴西、印度、中国、墨西哥、意大利、泰国、哥斯达黎加等热带及亚热带地区均有种植。番石榴叶功能活性成分丰富，包括多酚类、黄酮类、萜类、鞣质类，还含有挥发油、植物多糖、矿物质等多种物质[126]。研究表明，黄酮类化合物是番石榴叶中最主要的多酚类成分，含量占了总酚的80%以上。药理学研究证实，番石榴叶提取液不仅具有抗氧化损伤、调节血糖和血压、止血、抗肿瘤、抗炎、抑菌、治疗腹泻、抗病毒作用，还具有保护心脏、治疗咳嗽等多种功效[126-129]。

番石榴叶茶是由番石榴叶嫩叶或者带枝嫩叶加工而成。目前市面上出现了用其他植物叶类假冒替代茶产品，造成人们饮食后并未达到相应功效。通过调查发现，由于番石榴叶种植地区气候与土壤条件差异，其活性成分种类与含量差异也较大[130]。因此，很难从外观上直接区分假冒产品或者真实样品之间的质量差异。目前研究均集中在直接用有机溶剂多级分离出单个化合物，测定单个分离成分的生物活性。实际上，药用植物提取液的生物功效往往不是由单个成分决定，而是许多成分之间协同的效应。近年来，指纹图谱技术不但能够从整体上反映出中草药活性组分差异，而且还可以有效地对复杂的中草药进行质量监控。HPLC 指纹技术已被广泛用于茶叶原料质量监控、中药质量控制或食品加工过程功效成分控制[131-140]。美国食品和药物管理局和欧洲药品管理局也明确建议使用这一策略来评估中草药或者天然产物的质量一致性[141, 142]。因此，建立快速高效质量评控手段对番石榴叶茶质量的监控具有非常重要的意义。

本章首先采用 HPLC-ESI-TOF/MS 方法对不同来源番石榴叶黄酮组分进行鉴定，并建立了中国不同地区番石榴叶黄酮活性组分 HPLC 特征性指纹图谱，结合聚群分析（HCA）、主成分分析（PCA）和抗氧化能力分析，对不同地理区域番石榴叶质量进行综合评估。本章研究将为番石榴叶功效稳定性判断可以提供重要参考信息，也为番石榴叶茶类产品资源的开发与应用奠定了一定的基础。

2.2 材料与方法

2.2.1 试剂

本章所使用的主要实验材料与试剂如表 2-1 所示。

表 2-1 实验材料与试剂

材料与试剂	规格 / 型号	生产产家
福林酚试剂	AR	美国 Sigma 公司
芦丁（R）	HPLC	美国 Sigma 公司
异槲皮苷	HPLC	美国 Sigma 公司
扁蓄苷	HPLC	美国 Sigma 公司
槲皮苷	HPLC	美国 Sigma 公司
槲皮素 3 0- 木糖吡喃糖苷	HPLC	美国 Sigma 公司
槲皮素 -3-O-α-L- 阿拉伯吡喃糖苷	HPLC	美国 Sigma 公司
槲皮素	HPLC	美国 Sigma 公司
山奈酚	HPLC	美国 Unico 公司
抗坏血酸	AR/HPLC	美国阿拉丁公司
三氯化铁	AR	广东光华科技股份有限公司
2,4,6- 三吡啶基 - 哒嗪（TPTZ）	AR	美国阿拉丁公司
1,1- 二苯基 -2- 苦基肼（DPPH）	AR	美国阿拉丁公司
过硫酸钾（$K_2S_2O_8$）	AR	广东光华科技股份有限公司
2,2- 连氮基 - 双（3- 乙基苯并噻唑啉 -6- 磺酸）二铵盐（ABTS）	AR	美国阿拉丁公司
丙酮	AR	美国 Fisher Scientific 公司
乙酸乙酯	HPLC	美国 Fisher Scientific 公司
乙腈	HPLC	美国 Fisher Scientific 公司
乙醇	HPLC	美国 Fisher Scientific 公司
甲醇	HPLC	美国 Fisher Scientific 公司

2.2.2 实验仪器

本章所使用的主要实验仪器如表 2-2 所示。

表 2-2 主要实验仪器

仪器及型号	品牌或生产商
电子分析天平 TE612-L	德国 Sartorius 公司
真空抽滤机 SHZ-D	上海霄汉实业发展有限公司
旋转蒸发仪	德国 Heidolph 公司

表 2-2 主要实验仪器（续）

仪器及型号	品牌或生产商
超声仪 KQ-400KDE	昆山市超声仪器有限公司
冷冻离心机	美国 Thermo 公司
高效液相色谱系统	美国 Watcrs 2695
HPLC 二极管阵列检测器（PDA）	美国 Waters 2998
液相色谱（HP1100）质谱（microTOF-QII）联用仪	美国 Angilent/ 德国 Bruker
紫外 / 可见分光光度计 2802S	日本 Shimadzu 公司
恒温水浴锅	天津奥特赛恩斯仪器有限公司
酶标板	美国 Fisher 公司
自动酶标仪	美国 Molecular Devices 公司

2.2.3 实验方法

2.2.3.1 不同来源番石榴叶样品黄酮粗提液的提取

从中国不同地区采集 15 批新鲜番石榴叶，分别编号为 S1 ～ S15（如表 2-3 所示）。所有番石榴叶样品均由江门南粤番石榴农民合作社专家刘沛标鉴定。

表 2-3 所有番石榴叶样品的来源

Sample No.	Samples	Geographical region	East longitude	North latitude
S1	*Psidium guajava* L. leaves	Hangzhou, Zhejiang	120°19′	30°26′
S2	*Psidium guajava* L. leaves	Shaoguan, Guangdong	113°62′	24°84′
S3	*Psidium guajava* L. leaves	Taibei, Taiwan	121°30′	25°03′
S4	*Psidium guajava* L. leaves	Tainan, Taiwan	121°97′	24°08′
S5	*Psidium guajava* L. leaves	Jiangmen, Guangdong	113°36′	22°95′
S6	*Psidium guajava* L. leaves	Dongguan, Guangdong	113°75′	23°04′
S7	*Psidium guajava* L. leaves	Meizhou, Guangdong	116°12′	24°55′
S8	*Psidium guajava* L. leaves	Anguo, Hebei	115°48′	38°85′
S9	*Psidium guajava* L. leaves	Panyu, Guangdong	113°06′	22°61′
S10	*Psidium guajava* L. leaves	Nanping, Fujian	118°16′	26°65′
S11	*Psidium guajava* L. leaves	Bozhou, Anhui	115°81′	32°89′
S12	*Psidium guajava* L. leaves	Yueyang, Hunan	113°09′	29°37′
S13	*Psidium guajava* L. leaves	Hengyang, Hunan	112°61′	26°89′
S14	*Psidium guajava* L. leaves	Hehui, Anhui	117°27′	31°86′
S15	*Psidium guajava* L. leaves	Chenzhou, Hunan	113°17′	25°79′

番石榴叶中黄酮的提取工艺参照文献描述的方法，稍作调整[143]。具体如下：将收集的新鲜番石榴叶样品置于恒温烘箱中，60 ℃下，烘干 15 h。用小型磨粉机磨成粉末状。准确称取 0.5g 番石榴叶粉末于 15 mL 离心管中，加入 10 mL 70% 乙醇浸没样品，将离心管置于超声仪中，320 W 超声 30 min。样品提取液用 0.45 μm 孔径滤膜过滤，收集的滤液即为番石榴叶黄酮粗提液。将粗提液置于 4 ℃冰箱待用。每个样品提取工序均执行三次。

2.2.3.2 HPLC 方法验证

最低检出限（LOD）是指在高效液相色谱中产生至少比噪声强三倍（即 S/N = 3）信号强度所需化合物的最小浓度来评估。而最低定量限（LOQ）定义为产生至少比噪声强十倍（即 S/N = 10）信号强度所需化合物的最小浓度。在本研究中，LOD 和 LOQ 是通过将制备的标准品浓度连续稀释降低到高效液相分析中可检测的最低浓度计算获得。高效液相分析仪器的精密度与测定方法的重复性通过九种主要黄酮化合物在五次重复实验中的保留时间和峰面积的相对误差值（RSD）进行评估。样品的稳定性通过分析样品在不同储存时间（0，5，10，20，30 和 40 h）下，其主要化合物在高效液相中的保留时间和峰面积的相对误差值（RSD）确定。通过在番石榴叶样品中加入已知浓度的标准品，在相同的提取方式与 HPLC 测定条件下，计算出每个化合物 HPLC 分析测定的总含量与实际添加的总含量的比值，即为样品的回收率。

2.2.3.3 HPLC-ESI-TOF/MS 鉴定不同来源番石榴叶黄酮组分

HPLC-ESI-TOF/MS 条件：流动相 A 相为 0.1% 甲酸溶液，B 相为乙腈；洗脱程序为 0 ~ 35 min，50% ~ 85%； 35 ~ 36 min，50–20% A；36 ~ 45 min，20% A； 45 ~ 50 min，85%A；流速为 0.8 mL/min；进样体积为 10 μL；色谱柱 SunFire™ C18（250 × 4.6 mm，5 μm，Waters，USA)，柱温 30 ℃；全波长扫描 200 ~ 600 nm。LC/MS 采用正离子检测模式，记录滞留时间为 500 ms 下 m/z 100 ~ 1000 的离子丰度。其他质谱操作条件如下：流速为 6.0 L/min 的干燥气体（N_2）；4 kV 电喷雾电压；汽化器温度和电压分别为 350 ℃和 ± 40 V。样品中黄酮组分通过对比各分离组分与标准化合物在高效液相色谱中的保留时间和分析质谱离子碎片进行鉴定 [143, 144]。

2.2.3.4 黄酮组分分析及总黄酮含量测定

样品黄酮组分分离与定量分析：黄酮组分分离采用 Waters 2695 HPLC 系统，检测器为二极管阵列检测器；色谱条件参照 HPLC-ESI-TOF/MS 条件。样品中各黄酮组分的含量根据其标准曲线计算获得。

样品总黄酮含量测定根据文献报道的 AlCl3 比色法 [145]：简而言之，取稀释的样品提取液 100 μL 置于 2 mL 离心管中，用 70% 乙醇溶液定容至 500 μL，然后向其加入 30 μL 5% $NaNO_2$ 溶液，振荡摇匀，置于室温下保持 5 min；继续加入 30 μL 的 10% $AlCl_3$ 溶液，振荡摇匀后置于室温下放置 6 min；加入 200 μL 1mol/L NaOH 溶液，最后用 70% 乙醇溶液将反应混合液总体积定容至 1 mL；将溶液再次振荡混匀，在室温下反应 30 min。用 UV-1206 分光光度计测定其在 510 nm 处的吸光度（以 70% 乙醇溶液作为空白对照）。用 0.01 ~ 0.1 mg/mL 芦丁作为标准黄酮化合物，绘制芦丁的标准曲线（R_2 = 0.9997）。样品中总黄酮含量用每克番石榴叶干重（DM）相当于芦丁的毫克数表示（mg RE/g DM）。所有样品测试均执行三次。

2.2.3.5 不同来源番石榴叶提取液抗氧化活性测定

DPPH 自由基清除能力：采用 Hammi 等描述的方法，稍作调整 [146]。具体步骤如下：反应体系包括 400 μL 的 DPPH 甲醇溶液（100 μmol/L）和 50 μL 不同浓度样品稀释液（10，20，30，50，80 和 100 μg/mL）。将混合液置于旋转涡旋仪上混匀，黑暗环境中，25 ℃反应 30 min。用酶标仪测定其在 517 nm 下的吸光值。维生素 C（Vc）用作阳性对照。IC_{50} 值定义为清除 50% DPPH 自由基所需的样品提取液的最小浓度。DPPH 自由基清除能力根据公式 1 计算：

$$\text{DPPH 自由基清除能力 (\%)} = \left(\frac{A_{\text{control}} - A_{\text{sample}}}{A_{\text{control}}}\right) \times 100 \qquad \text{（公式 1）}$$

其中 A_{control} 是未加样品时 DPPH 溶液在 517 nm 下的吸光度，A_{Sample} 是 DPPH 溶液和样品的在 517 nm 下吸光度。

$ABTS^+$ 自由基清除能力：采用 Sasipriya 与 Siddhuraju 描述的方法，稍作调整 [147]。具体步骤如下：首先等体积混合过硫酸钾（2.45 mmol/L）氧化 ABTS（7 mmol/L），在 25 ℃下，黑暗环境中反应 16 h，制备新鲜的 $ABTS^+$ 自由基溶液。将新鲜制备的 $ABTS^+$ 溶液用乙醇稀释至吸光值为 0.70 ± 0.02（734 nm）待用。$ABTS^+$ 自由基清除测试反应体系包含 100 μL 不同浓度样品稀释液（10，20，30，50，80 和 100 μg/mL）与 400 μL $ABTS^+$ 稀释液，将混合液置于旋转涡旋仪上混匀，置于黑暗环境，25 ℃反应 10 min 后。用酶标仪测定混合液在 734 nm 下的吸光值。维生素 C（Vc）用作阳性对照。IC_{50} 值定义为清除 50% $ABTS^+$ 自由基所需的样品提取液的最小浓度。$ABTS^+$ 自由基清除能力根据公式 2 计算：

$$ABTS^+\text{ 自由基清除能力 }(\%)=\left(\frac{A_{\text{blank}}-A_{\text{sample}}}{A_{\text{blank}}}\right)\times 100 \qquad \text{（公式 2）}$$

其中 A_{blank} 是未加样品时 $ABTS^+$ 溶液在 734 nm 下吸光度，A_{Sample} 是 $ABTS^+$ 溶液和样品提取液反应后在 734 nm 下吸光度。

铁离子还原氧化力（FRAP）测试：铁还原 / 抗氧化能力（FRAP）测试根据 Benzie 与 Strain 报道的方法，稍作调整[148]。具体操作过程如下：新鲜的 FRAP 试剂由 0.3 M 乙酸盐缓冲液（pH = 3.6），20 mM $FeCl_3$ 溶液和 10 mM TPTZ 溶液（40 mM HCl 配制而成）三种溶液以 10 ：1 ：1（v ：v ：v）体积比混合而成。FRAP 反应体系包括 3 mL FRAP 试剂与 100 μL 测试样品稀释液，将反应液置于旋转涡旋仪上混匀，在室温下孵育 30 min 后，测定其在 593 nm 处的吸光度。用不同浓度的 Vc 作为阳性对照进行 FRAP 试验，绘制 Vc 的标准曲线（R2 = 0.9997）。每个样品的铁离子还原氧化力用每克番石榴叶干重（DM）相当于 Vc 的摩尔数（mol VcE/g DM）表示。所有样品测试均执行三次。

2.2.4 统计学分析

所有测试数据均用三次独立实验的平均值 ± 标准误差表示。IC_{50} 值通过 IBM SPSS 17.0 统计学软件进行回归分析计算获得。样品显著差异性采用单因素方差分析获得。所有数据均采用 Excel 和 IBM SPSS 17.0 统计软件进行统计学分析获得。

2.3 结果与讨论

2.3.1 不同来源番石榴叶原料黄酮活性组分鉴定

通过 HPLC-ESI-TOF/MS 方法对番石榴叶黄酮组分进行鉴定。在 MS 分析过程中，我们将测量结果的系统误差值设为 4 ppm。根据 UV 光谱特征（256 nm 与 351 nm)）与离子碎片 m/z 303.0510 特征，化合物 1，2，3 可以被鉴定为槲皮素糖苷类物质。因为离子碎片 m/z 303.0510 是槲皮素糖苷类化合物在质谱电离过程中丢失糖苷而形成的槲皮素离子片段。由于化合物 4 其亲本离子为 m/z 579.1712，产生了两个离子碎片 m/z 433.0305 与 m/z 315.1021 $[C_{13}H_{14}O_9+H]^+$，根据 Bruker Daltonics 数据库获得的分子式 $C_{30}H_{26}O_{12}$，可以鉴定为原花青素类化合物。化合物 5 的亲本离子为 m/z 433.0406 $[M+H]^+$，产生离子碎片 m/z 315.0709 $[C_{13}H_{14}O_9+H]^+$，因此，可以鉴定为染料木苷。化合物 6 的亲本离子为 611.4210 $[M+H]^+$，它产生两个离子碎片 m/z 465.1002 $[M-gla]^+$ 与 m/z 303.0510 $[C_{15}H_{10}O_7+H]^+$，这是一种槲皮素糖苷断裂两个葡萄糖苷而形成的离子碎片，而且根据其化学分子式 $C_{27}H_{30}O_{16}$，可以推断其为芦丁；根据化合物 7 亲本离子 m/z 465.1002 $[C_{21}H_{20}O_{12}+H]^+$ 产生两个离子碎片 303.0501 m/z $[C_{15}H10O_7+H]^+$ 与 m/z 163.1221 $[M-C_{15}H10O_7+H]^+$，对比文献报道结果，可以鉴定为异槲皮苷；化合物 8，9 与 10 具有相同的亲本离子 m/z 435.0901，产生两个离子碎片 m/z 303.0501 $[C_{15}H10O_7+H]^+$ 与 133.2510

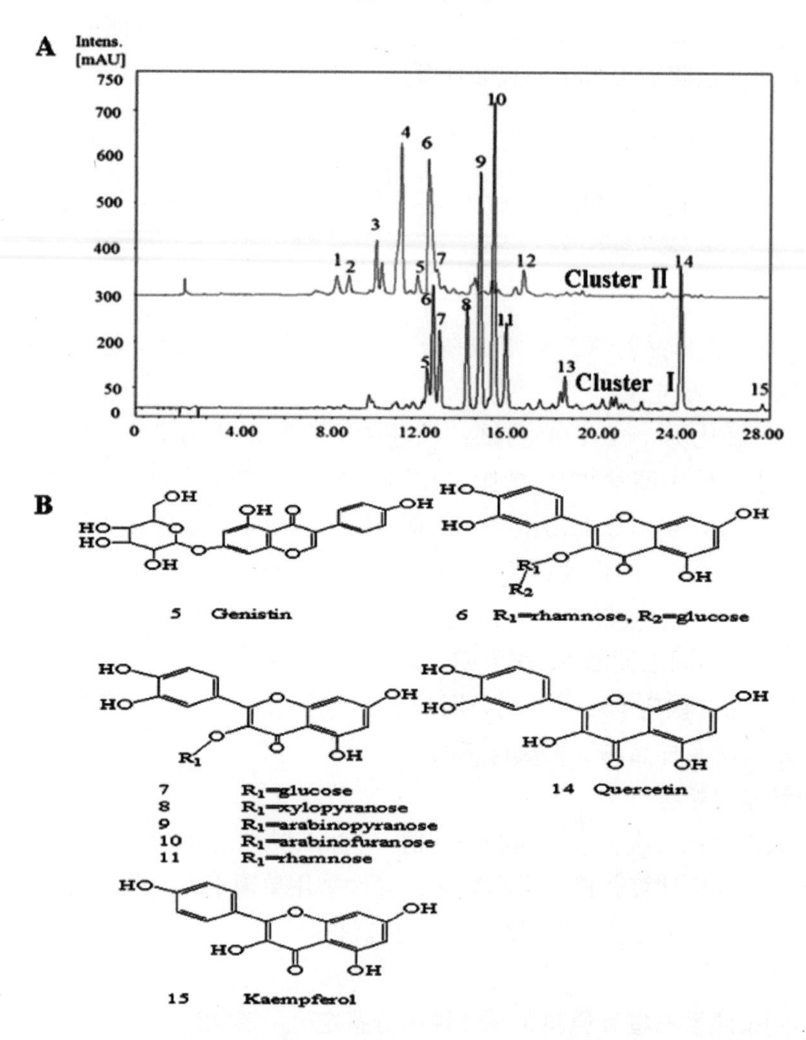

图 2-1 不同番石榴叶样品黄酮化合物 HPLC 色谱图（A）以及分子结构式（B）。标准样品色谱：5 染料木苷，6 芦丁，7 异槲皮苷，8 槲皮素 -3-O-β-D- 吡喃木糖糖苷，9 槲皮素 --3-O-α-L- 吡喃阿拉伯糖苷，10 扁蓄苷，11 槲皮苷，13 山奈酚 -3- 阿拉伯呋喃糖苷，14 槲皮素，15 山奈酚

$[M-C_{15}H_{10}O_7+H]^+$，这是由一个槲皮素母核连接不同的糖苷而形成的三个同分异构体，通过对照标准品，这三个化合物依次被鉴定为槲皮素 -3-O-β-D- 吡喃木糖苷、槲皮素 -3-O-α-L- 阿拉伯吡喃糖苷和扁蓄苷 [149, 150]；根据亲本离子 m/z 449.0984 $[C_{21}H_{20}O_{11}+H]^+$ 与其产生的主要离子碎片 m/z 303.0501 $[C_{15}H_{10}O_7+H]^+$，化合物 11 可以被鉴定为槲皮苷；根据亲本离子碎片 m/z 419.0984 与其产生的主要离子 287.0563 $[C_{15}H_{10}O_6+H]^+$，化合物 13 可以被鉴定为山奈酚 -3- 阿拉伯糖呋喃糖苷；化合物 14 产生的主要离子碎片为 m/z 303.0501 $[M+H]^+$，很明显被鉴定为槲皮素；同理，化合物 12 产生的主要离子碎片为 m/z 287.0563 $[C_{15}H_{10}O_6+H]^+$，被鉴定为山奈酚；然而其他化合物虽然无法通过高分辨 MS 鉴定其结构，但根据其紫外光谱，它们很可能是其他黄酮类化合物。番石榴叶的黄酮组分的色谱图、部分化合物结构式以及质谱鉴定结果见图 2-1AB 与表 2-4。

表 2-4 番石榴叶黄酮组分 HPLC-ESI-TOF/MS 鉴定

Peak	Retention time /mi	λ_{max} /nm	Molecular ion (m/z)	MS^2 (m/z)	Mw	Formula	Error/10^{-6}	Compounds
1	8.23	257, 351	783.0679M+H]$^+$	783.0670, 303.0502	782	$C_{34}H_{22}0_{22}$	-1.7	Unknown
2	8.57wW	256, 354	757.4210 [M+H]$^+$	757.0412,465.1031, 303.0501, 319.1101	756	$C_{33}H_{24}0_{21}$	-2.3	Unknown
3	10.81	254, 360	785.0832 [M+H]$^+$	465.1002,309.1121, 303.0510,	784	$C_{34}H_{24}0_{22}$	-1.3	Unknown
4	11.91	256, 356	579.1712 [M+H]$^+$	579.17121, 433.0305 315.1021	578	$C_{30}H_{26}O_{12}$	-3.9	Procyanidin isomer
5	12.15	257, 356	433.0461 [M+H]$^+$	433.0461, 315.0719	432	$C_{21}H_{20}0_{10}$	-2.97	Genistin
6	12.94	256, 354	611.4210 [M+H]$^+$	465.1002, 303.0510, 309.1121	610	$C_{27}H_{30}O_{16}$	-1.3	Rutin
7	13.07	254, 360	465.3610 [M+H]$^+$	303.0501, 163.1221	464	$C_{21}H_{20}O_{12}$	1.7	Isoquercitrin
8	13.48	256, 356	435.0901 [M+H]$^+$	303.0490, 133,1412	434	$C_{20}H_{18}O_{11}$	0.7	Quercetin-3-O-β-D-xylopyranoside
9	14.13	257, 356	435.0930 [M+H]$^+$	303.0509, 133.2510	434	$C_{20}H_{18}O_{11}$	0.1	Quercetin-3-O-α-L-arabinopyranoside
10	15.25	257, 353	435.0940 [M+H]$^+$	303.0511, 133.1526	434	$C_{20}H_{18}O_{11}$	1.4	Avicularin
11	15.89	256, 351	449.1098 [M+H]$^+$	449.1098, 417.1194, 303.0510	448	$C_{21}H_{20}O_{11}$	2.1	Quercitrin
12	16.23	254, 356	537.8801 [M+H]$^+$	537.8801, 287.0561	536	$C_{13}H_{14}O_9$	-4.3	Unknown
13	19..41	257, 363	419.0984 [M+H]$^+$	419.0984, 287.0563, 133.2510	418	$C_{20}H_{18}O_{10}$	-3.4	Kaempferol-3-arabinofuranoside
14	23.95	254, 371	303.0516 [M+H]$^+$	303.0516	302	$C_{15}H_{10}0_7$	-2.3	Quercetin
15	28.18	256, 359	287.0552 [M+H]$^+$	287.0552	286	$C_{15}H_{10}0_6$	-3.2	Kaempferol

2.3.2 HPLC 方法验证

表2-5中展示了每个化合物的LOD和LOQ值。结果表明，HPLC分析方法具有优异的灵敏度。八种标品的回归曲线呈良好的线性关系（R^2〉0.99），且线性范围较宽。

表 2-5 八种主要黄酮化合物的回归曲线，R^2，LOD，LOQ 以及线性回归范围

Analytes	Regression equation	R^2	LOD/ (mg/L)	LOQ/ (mg/L)	Linear range / (mg/L)
Rutin	$Y=6.9329\times10^{-6}X+0.0045$	0.9992	0.046	0.051	5 ～ 150
Isoquercitrin	$Y=6.8486\times10^{-6}X+0.0068$	0.9991	0.037	0.045	5 ～ 150
Quercetin-3-O-β-D-xylopyranoside	$Y=5.3976\times10^{-6}X+0.0028$	0.9978	0.031	0.037	5 ～ 150
Quercetin-3-O-α-L-arabinopyranoside	$Y=4.2190\times10^{-6}X+0.0052$	0.9989	0.012	0.023	5 ～ 150
Avicularin	$Y=5.2240\times10^{-6}X+0.0035$	0.9996	0.034	0.053	5 ～ 150
Quercitrin	$Y=4.8679\times10^{-6}X+0.0032$	0.9997	0.027	0.035	5 ～ 150
Quercetin	$Y=2.9950\times10^{-6}X+0.0069$	0.9915	0.018	0.032	5 ～ 150
Kaempferol	$Y=2.7669\times10^{-6}X+0.0024$	0.9992	0.008	0.009	2 ～ 75

注：X 代表峰面积；Y 代表样品浓度。

表 2-6 表示几种主要的黄酮类化合物在高效液相精密性分析，其相对误差值（RSD）分别低于 0.34% 和 2.14%，重复性分析 RSD 值分别低于 0.78% 和 2.31%，稳定性分析 RSD 值分别低于 0.52% 和 2.89%。而且所有化合物的回收率均超过 96.22%，RSD 值均低于 3.12%。这些结果表明，该 HPLC 方法具有重复性好，精密度高，稳定性好等特点，可以满足构建色谱指纹图谱的最低要求。

表 2-6 八种主要黄酮化合物的紧密性，稳定性，重复性以及回收率测试

Analytes	Precision (n=5)		Stability (n=5)		Repeatability (n=5)		Recovery (n=5)				
	RSD of RT/%	RSD of PA /%	RSD of RT /%	RSD of PA /%	RSD of RT /%	RSD of PA/%	Unspiked /μg	Spiked /μg	Detected /μg	Recovery /%	RSD /%
Rutin	0.18	2.14	0.36	1.03	0.52	1.72	90.97	120.35	210.74	99.72	0.95
Isoquercitrin	0.19	1.03	0.41	2.21	0.21	1.05	110.09	170.31	280.50	100.03	1.65
Quercetin-3-O-β-D-xylopyranoside	0.21	1.89	0.34	0.89	0.31	0.76	101.21	150.37	246.17	97.85	2.89
Quercetin-3-O-α-L-arabinopyranoside	0.13	1.12	0.48	1.45	0.28	1.21	150.29	170.18	315.69	98.51	1.01

2.3.3 不同来源番石榴叶黄酮 HPLC 特征性图谱建立及特征分析

2.3.3.1 不同来源番石榴叶黄酮 HPLC 特征性图谱建立

用上述建立的 HPLC 方法对所有样品提取液黄酮活性组分构建指纹图谱。15 批番石榴叶样品的黄酮组分指纹图谱如图 2-2A 所示。根据中药指纹图谱相似性评估软件，其可分为两类特征性指纹图谱：簇 I 与簇 II（图 2-2B）。来自杭州（浙江省）；韶关、番禺、江门、东莞与梅州（广东省）；台北与台南（台湾省）；南平（福建省）的样品具有相似的黄酮组分特征性图谱（如图 2-2B 中簇 I）。而来自亳州与合肥（安徽省）；保定（河北省）；衡阳、岳阳、郴州（湖南省）的样品，在黄酮组分与含量上与簇 I 有比较明显的差异。结果表明，不同来源的番石榴叶在活性成分组成与含量上有巨大差异。结合抗氧化活性评估结果，我们发现簇 I 黄酮组分的抗氧化活性明显高于簇 II，这可能是由于簇 I 黄酮提取液中含有大量的黄酮糖苷与黄酮苷元所致。许多研究已经证实样品中黄酮糖苷与苷元在样品抗氧化性能上起了主要的作用。因此，黄酮糖苷或者黄酮苷元的含量可以作为番石榴叶样品抗氧化活性的标志成分。

为了进一步找到番石榴叶标志性活性成分，将簇 I 所有样品的色谱图用中药相似性评估系统软件（2012A 版本）进行匹配。图 2-2C 中，色谱图中的 8 个峰代表了番石榴叶主要的活性组分，簇 I 中的 9 个样品的色谱图组成了番石榴叶主要活性成分的特征性图谱，可以用来评估簇 I 番石榴叶原料的质量。为了避免色谱图中峰保留时间飘移引起的负面影响，我们选择峰型较好、含量较高且已经被鉴定的峰 8 作为标准峰。通过对所有色谱图进行标准化，获得不同来源样品之间的相似度。结果表明，15 批不同来源的样品有不同的相似度，但是其中 9 批样品具有明显相似的相关系数。根据 Diaz-de-Cerio 等人报道的结果[6]，来自西班牙的番石榴叶多酚与黄酮成分与本文研究的结果有很大的差异。这也表明来自不同来源番石榴叶活性成分的相似度也有明显的差异。

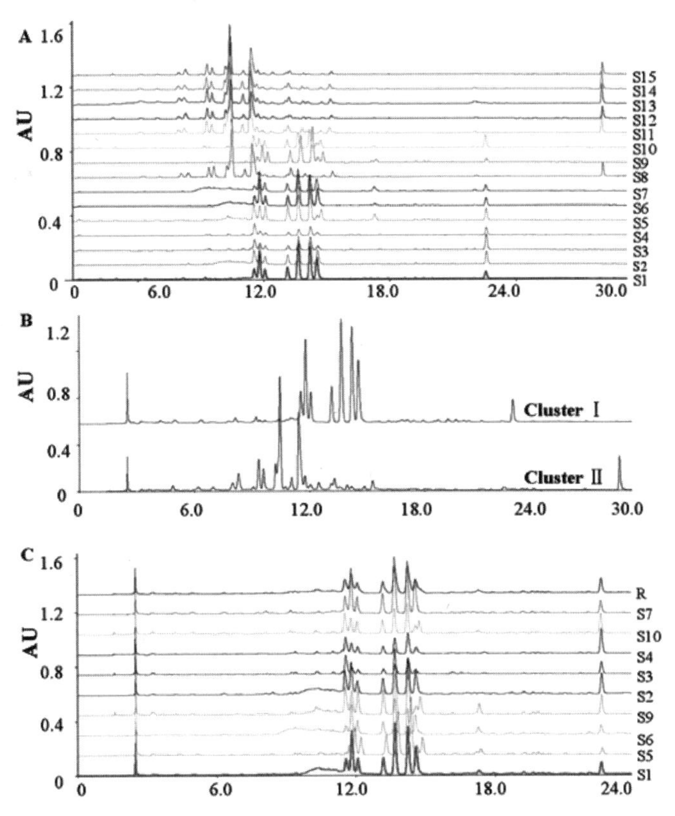

图 2-2　不同来源番石榴叶样品黄酮化合物的 HPLC 指纹图谱（A）和特征性图谱（B）；簇Ⅰ番石榴叶样品黄酮化合物 HPLC 特征性图谱（C）

2.3.3.2 不同来源番石榴叶黄酮组分定量分析

采用外标法对簇Ⅰ中番石榴叶样品的主要 8 个黄酮进行定量分析，结果如表 2-7 所示。番石榴叶样品中 8 个主要黄酮组分的含量顺序为 AVI > QX > QUTR > QA >rutin > QU > IQ > KA。而在这些黄酮类化合物中，AVI，QX，QA，QUTR，芦丁和 QU 是最主要的黄酮类化合物。番石榴叶中总黄酮含量如表 2-8 所示，所有样品总黄酮含量顺序为：S5 > S1 > S11 > S2 > S7 > S9 > S14 > S8 > S6 > S15 > S13 > S12 > S10 > S4 > S3。结果证实，不同来源番石榴叶样品总黄酮含量也有明显的差异。样品中黄酮组分含量的测定结果为接下来找出其化学标记物提供了所需的矩阵数据资料。

表 2-7 不同来源番石榴叶样品提取液主要黄酮化合物的含量

Compounds/ (mg/g DM)	R	IQ	QX	QA	AVI	QUTR	QU	KA
S1	2.73 ± 0.03b	0.59 ± 0.05d	6.15 ± 0.14a	3.23 ± 0.21b	7.43 ± 0.28a	4.43 ± 0.05b	1.20 ± 0.02c	0.29 ± 0.01e
S2	2.50 ± 0.08b	0.63 ± 0.02d	6.27 ± 0.15a	3.87 ± 0.12b	7.85 ± 0.12a	3.60 ± 0.07b	1..38 ±0.03c	0.48 ± 0.02d
S3	1.19 ± 0.06c	0.20 ± 0.02e	3.89 ± 0.26b	2.79 ± 0.21b	5.91 ± 0.13a	2.31 ± 0.02b	0.50 ± 0.03d	0.08 ± 0.01f
S4	1.22 ± 0.01c	0.43 ± 0.01c	3.98 ± 0.13b	2.82 ± 0.07b	5.89 ± 0.11a	2.35 ± 0.01b	0.69 ± 0.02c	0.05 ± 0.01d
S5	2.07 ± 0.01b	0.55 ± 0.02d	6.21 ± 0.04a	3.31 ± 0.02b	8.42 ± 0.06a	5.83 ± 0.04a	1.16 ± 0.03c	0.07 ± 0.01e
S6	2.47 ± 0.03c	0.73 ± 0.01d	5.98 ± 0.02b	4.12 ± 0.10b	8.54 ± 0.04a	4.35 ± 0.03b	1.10 ± 0.01d	0.06 ± 0.01e
S7	2.73 ± 0.02c	0.83 ± 0.02d	6.35 ± 0.01b	4.01 ± 0.02b	8.15 ± 0.03a	5.88 ± 0.01b	1.29 ± 0.02c	0.09 ± 0.01e
S8	0.34 ± 0.01c	2.23 ± 0.04a	0.08 ± 0.39e	0.86 ± 0.21b	0.31 ± 0.46c	1.03 ± 0.21b	0.12 ± 0.04c	0.04 ± 0.01d
S9	0.78 ± 0.04d	0.23 ± 0.04e	5.88 ± 0.39b	3.86 ± 0.21c	7.31 ± 0.46a	6.03 ± 0.21b	1.33 ± 0.04d	0.08 ± 0.01e
S10	0.19± 0.02c	2.41 ± 0.04a	0.07 ± 0.33d	0.79 ± 0.15b	0.93 ± 0.21b	1.01 ± 0.01b	0.13 ± 0.02c	0.03 ± 0.01d
S11	0.27 ± 0.04c	2.39 ± 0.04a	0.04 ± 0.02d	0.80 ± 0.21b	0.81 ± 0.46b	1.03 ± 0.21b	0.12 ± 0.04c	0.07 ± 0.01d
S12	0.31 ± 0.01c	2.51 ± 0.04a	0.07 ± 0.23d	0.79 ± 0.15b	0.95 ± 0.21b	1.11 ± 0.03b	0.13 ± 0.02c	0.06 ± 0.01d
S13	0.27 ± 0.04c	2.67 ± 0.04a	0.06 ± 0.39d	0.86 ± 0.21b	0.91 ± 0.46b	0.93 ± 0.21b	0.11 ± 0.04c	0.05 ± 0.01d
S14	0.35 ± 0.02c	2.59 ± 0.04a	0.08± 0.39d	0.87 ± 0.21b	0.89 ± 0.03b	0.89 ± 0.21b	0.13 ± 0.04c	0.06 ± 0.01d
S15	0.33 ± 0.01c	2.78 ± 0.04a	0.04 ± 0.01d	0.79 ± 0.15b	0.93 ± 0.21b	0.98 ± 0.01b	0.12 ± 0.02c	0.05 ± 0.01d

不同小写字母表示样品各行之间具有显著性差异（$p < 0.05$）。

2.3.3.3 HCA 与 PCA 分析

为了评估不同来源番石榴叶样品的质量差异，我们用 IBM SPSS 统计学软件对上述指纹图谱中获得的大数据进行聚群分析（HCA）。采用经典的 Ward 方法与欧氏距离平方法建立聚群分类。结果如图 2-3A 所示，来自不同地区的番石榴叶样品被分为 2 个主要聚群（簇 I 与簇 II），而这两个大群又可分为 4 个主要的小群：簇 1 包括样品收集于杭州（浙江省），韶关、番禺、江门、东莞与梅州（广东省）；簇 2 包括样品收集于台北与台南（台湾省），南平（福建省）；簇 3 包括样品收集于亳州与合肥（安徽省）与保定（河北省）；簇 4 包括样品收集于衡阳、岳阳与郴州（湖南省）；结果证实，来自相临地区的番石榴叶容易被分到同一类群。

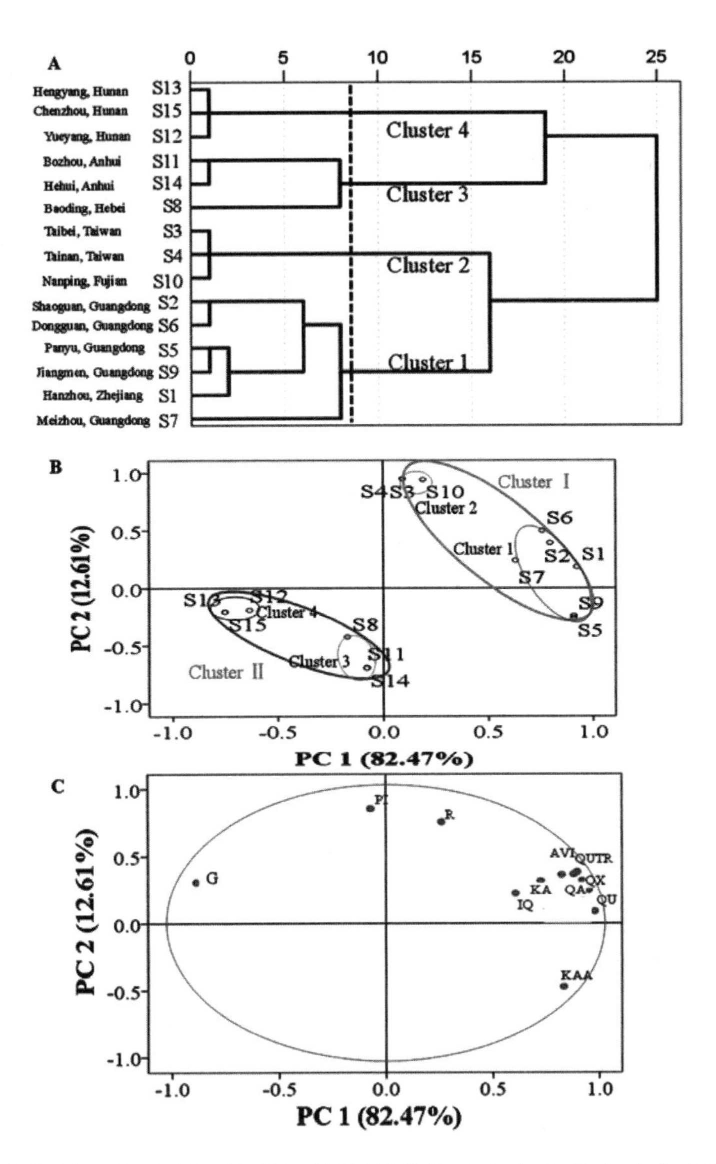

图 2-3 不同来源番石榴叶样品黄酮组分的聚群分析（A）以及主成分分析得到的得分图（B）与载荷图（C）

注：G，染料木苷；R，芦丁；PI，原花青素异构体；IO，异槲皮素；QA，槲皮素 -3- 阿拉伯糖苷；QU，槲皮素；KA，山奈酚；KAA，山奈酚 -3- 阿拉伯糖苷；QX，槲皮素 -3- 木糖苷；QUTR，槲皮苷；AVI，扁蓄苷

通常特征性图谱包含多维的变量数据，为了简化这些多数据库资料，我们用 IBM SPSS 统计学软件对 HPLC 图谱获得的数据标准化后进行主成分分析（PCA）。一般设定特征值大于 1，主成分 1 与主成分 2 用于提供方便的视觉来识别所有数据的同源性。我们发现得分图中，主成分 1（82.47%）与主成分 2（12.61%）总共占了总变量的 95.08%（图 2-3B）。根据不同来源番石榴叶样品主成分分析提供的得分图，我们发现所有的番石榴叶样品被分为 2 个主要类群，其中包括 4 个更细的类群。样品 S1 ～ S10 被分为同一大群簇 I，它们之间化学组分的差异较小。

而 S8，S11，S12，S13，S14，与 S15 被分为另一聚群簇 II，这些样品化学组分与其他样品有明显较大的差异。对于 S1 ~ S10 样品，我们无法观察出其色谱图的细微的差异。而通过主成分分析后，簇 I 又被细分为簇 1（S1，S2，S5 ~ S7，与 S9）与簇 2（S3，S4 与 S10），这是由于它们在化学组分的含量上存在较大的差异。为了找出不同番石榴叶样品 HPLC 指纹图谱中活性组分变化的特征性因子，我们建立了番石榴叶主成分分析的载荷图（图 2-3C）。主成分 1 与主成分 2 总共占了总变量的 95.08%，其中主成分 1 与 2 分别占了（82.47%）与（12.61%）。主成分 1 中槲皮素与其他黄酮化合物（QUTR，QA，AVI，QX，IQ，以及 KA）存在正相关，而与染料木苷 G 存在明显的负相关；而主成分 2 中黄酮与其他黄酮均存在正相关。结果也证实，收集来自簇 I 的样品中均含有高含量的 QUTR，QA，QU，QX，IQ，以及 KA 化合物。因此，这些黄酮化合物可以被考虑为番石榴叶原料质量差异的标志性成分。

2.3.4 不同来源番石榴叶样品总黄酮含量测定与抗氧化活性

三种抗氧化测试模型包括 DPPH 与 $ABTS^+$ 自由基清除能力以及铁离子还原氧化力（FRAP）被选择用于评估 15 批不同来源番石榴叶样品（S1 ~ S15）的抗氧化活性，以便将其生物活性与指纹图谱形成关联，获取其谱效关系特征。结果如表 2-8 所示，所有样品对 DPPH 与 $ABTS^+$ 自由基清除能力均展示了浓度依赖性，即随着番石榴叶提取液浓度的增加，自由基清除能力越强。样品对 DPPH 自由基清除能力顺序依次如下：S5 > S1，S2，S6，S7，S9 > S12，S13，S15 > S8，S11 > S14 > S3，S4，S10。由于样品 S1，S2，S5，S6，S7 与 S9 含有较高浓度的总黄酮与槲皮素，因此展示了很强的 DPPH 自由基清除能力。然而样品 S8，S11 与 S14 虽然也含有较高的总黄酮含量，但是其组分中黄酮糖苷与苷元类化合物含量较低。因此，其 DPPH 自由基清除能力较低。而样品 S3，S4 与 S10 总黄酮与槲皮素含量均是最低，所以它们的 DPPH 自由基清除能力也是最低。结果证实，黄酮糖苷类（尤其是槲皮素）可能是判断不同来源番石榴叶原料抗氧化活性高低的关键因子。

样品对 $ABTS^+$ 自由基清除能力顺序依次如下：S5 > S1，S2，S9 > S6，S7 > S12，S13，S15 > S8，S11 > S14 > S3，S4，S10。我们也能够发现，样品 S1，S5，S2 与 S9 由于其总黄酮与槲皮素含量较高，所以清除 $ABTS^+$ 自由基能力最强。然而样品 S8，S11 与 S14 虽然也含有较高的总黄酮含量，但是其 DPPH 自由基清除能力较低，这是由于样品 S8，S11 与 S14 的黄酮组分与其他样品有很大差异。由于样品 S3，S4 与 S10 总黄酮与槲皮素含量最低，所以它们清除 DPPH 自由基能力也处于最低。除了样品 S6 与 S7 的 $ABTS^+$ 自由基清除能力略低于样品 S1，S5，S2 与 S9 之外，其他样品对 $ABTS^+$ 自由基清除能力与 DPPH 自由基清除能力结果大体一致。

样品铁还原氧化能力按顺序排列依次为：S1 > S2，S5，S9 > S6，S7 > S12，S13，S15 > S8，S11 > S14 > S3，S4，S10。由于样品 S1 中总黄酮与槲皮素含量最高，所以其铁还原氧化能力也最强。样品 S1，S5，S2 与 S9 铁还原氧化能力强于其他样品，而样品 S3，S4 与 S10 由于其总黄酮与槲皮素含量最低，所以它们的铁还原氧化能力也是最差。结果表明，三种抗氧化能力模式测试结果大体一致，番石榴叶抗氧化活性与其总黄酮（特别是槲皮素糖苷与苷元类黄酮）含量有较大的关系，其中槲皮素是其关键活性因子。

表 2-8 15 批番石榴叶提取液总黄酮含量以及抗氧化性分析

Sample No.	TF /(mg RE/g DM)	DPPH IC_{50} /(μg/mL)	$ABTS^+$ IC_{50} /(μg/mL)	FRAP /(mmol Vc/g DM)
S1	72.26 ± 2.12a	35.57 ± 4.17e	32.13 ± 2.32d	68.06 ± 1.34b
S2	69.31 ± 1.89b	41.50 ± 1.34d	39.51 ±1.98d	66.71 ± 4.15b
S3	33.52 ± 0.98d	83.38 ± 2.79a	72.31 ± 3.57a	43.24 ± 0.98e
S4	34.95 ± 3.14d	78.46 ± 3.13a	71.35 ± 3.48a	41.36 ± 2.76e
S5	78.34 ± 2.54a	32.39 ± 4.07e	31.19 ± 5.01d	64.46 ± 1.45b
S6	50.01 ± 2.17c	51.74 ± 0.95c	47.73 ± 0.97c	51.37 ± 3.22d
S7	69.77 ± 1.32b	41.82 ± 1.65d	47.34 ± 1.79c	71.69 ± 2.79a
S8	50.85 ± 3.89c	57.55 ± 5.12c	53.98 ± 6.13c	49.54 ± 1.01d
S9	69.30 ± 2.75b	35.23 ± 3.32e	37.73 ± 3.47d	67.35 ± 0.12b
S10	37.18 ± 2.09d	71.03 ± 5.13b	69.43 ± 2.79a	39.42 ± 1.45f
S11	69.81 ± 3.14b	51.37 ± 0.67c	52.45 ± 4.43c	74.03 ± 2.74a
S12	38.89 ± 1.98d	55.56 ± 2.58c	51.58 ± 2.91c	36.79 ± 2.2f
S13	40.08 ± 1.34d	52.17 ± 3.14c	57.27 ± 3.56c	38.32 ± 2.07f
S14	61.79 ± 2.09b	66.67 ± 5.26b	64.61 ± 3.97b	58.14 ± 1.54c
S15	41.27 ± 0.72d	56.74 ± 3.97c	59.57 ± 4.13c	45.21 ± 0.78e

注：不同小写字母表示样品各行之间具有显著性差异（$p < 0.05$）

2.3.5 番石榴叶黄酮化合物与抗氧化活性相关性分析

皮尔森相关性分析被广泛用来研究天然产物活性组分与抗氧化能力之间的关系[151, 152]。它既能反映出哪些可能的化合物对番石榴叶质量有明显的影响，也能帮助我们找到控制番石榴叶质量的关键特征因子。表 2-9 反映了番石榴叶总黄酮含量、DPPH 与 $ABTS^+$ 自由基清除能力、FRAP 以及黄酮各组分含量之间的相关性。结果表明，DPPH 与 $ABTS^+$ 自由基清除能力存在非常强的相关性（$r = 0.948$）。在 DPPH 实验中，相关性关系分别为 DPPH vs TF（$r = 0.861$），DPPH vs QU（$r = 0.931$），DPPH vs QA（$r = 0.891$），DPPH vs QX（$r = 0.883$），DPPH vs AVI（$r = 0.878$），DPPH vs QUTR（$r = 0.874$），DPPH vs PI（$r = 0.741$），DPPH vs KA（$r = 0.729$），它们之间均有较强的相关性；DPPH 与 R（$r = 0.305$）和 IQ（$r = 0.512$）相关性较低；而 DPPH 与化合物 G 之间没有明显的相关性。在 $ABTS^+$ 实验中，相关性关系分别为 $ABTS^+$ vs TF（$r = 0.883$），$ABTS^+$ vs QU（$r = 0.948$），$ABTS^+$ vs QA（$r = 0.906$），$ABTS^+$ vs QX（$r = 0.888$），$ABTS^+$ vs AVI（$r = 0.899$），$ABTS^+$ vs QUTR（$r = 0.872$），$ABTS^+$ vs PI（$r = 0.831$），$ABTS^+$ vs KA（$r = 0.829$），它们之间均有较强的相关性；$ABTS^+$ 与 R（$r = 0.210$）和 IQ（$r = 0.571$）相关性较低；而 $ABTS^+$

与化合物 G 之间没有明显的相关性。FRAP 结果与 DPPH 以及 $ABTS^+$ 结果基本一致，相关性关系分别为 FRAP vs TF（$r = 0.881$），FRAP vs QU（$r = 0.928$），FRAP vs QA（$r = 0.806$），FRAP vs QX（$r = 0.872$），FRAP vs AVI（$r = 0.819$），FRAP vs QUTR（$r = 0.834$），FRAP vs PI（$r = 0.827$），FRAP vs KA（$r = 0.841$），它们之间均有较强的相关性；FRAP 与 R（$r = 0.139$）和 FRAP（$r = 0.477$）相关性较低；而 FRAP 与化合物 G 之间没有明显的相关性。这些结果清楚地表明，番石榴叶抗氧化活性与 TF，QU，QA，QX，AVI，QUTR，PI 和 KA 的含量呈明显的正相关。而番石榴叶中槲皮素（QU）的含量与其抗氧化活性有极显著正相关性。然而，虽然簇 II 类样品具有相对较高的 G 含量，但是其与抗氧化活性没有显著的相关性。一些研究已经证实黄酮类化合物的抗氧化活性取决于其羟基的结构和取代位置。QU，QA，QX，AVI，KA 和 QUTR 均是多羟基黄酮化合物，在番石榴叶抗氧化活性中发挥重要作用[153]。鉴于其 HPLC 指纹图谱的可靠性和灵敏性，采用 HPLC 指纹图谱分析方法，结合化学计量数分析和构效关系分析，在番石榴叶或其他药材的真伪鉴别以及质量评控方面具有很大的应用潜力。

表 2-9 番石榴叶中主要黄酮组分与其提取液抗氧化活性皮尔森相关性分析

Analytes	TF	DPPH	$ABTS^+$	FRAP
Genistin	− 0.066	− 0.721**	− 0.664**	− 0.233*
Rutin	0.568*	0.365	0.310	0.239
IQ	0.576*	0.521*	0.571*	0.477*
QX	0.678*	0.891**	0.906**	0.806**
QA	0.689*	0.883**	0.888**	0.872**
AVI	0.633*	0.878**	0.893**	0.819**
QUTR	0.715*	0.874**	0.872**	0.834**
QU	0.738*	0.931***	0.948***	0.928***
KA	0.721*	0.729*	0.829**	0.841**
TF	1.000	0.861**	0.883**	0.881**
DPPH	0.761**	1.000	0.948***	0.894**
$ABTS^+$	0.783**	0.948***	1.000	0.932***
FRAP	0.881**	0.894**	0.932***	1.000

* $p < 0.05$ ** $p < 0.01$ *** $p < 0.001$

2.4 本章小结

本研究主要通过高效液相色谱－电喷雾质谱（HPLC-ESI-TOF/MS）对番石榴叶黄酮组分进行分离、鉴定；建立了快速、简便、高效的 HPLC 指纹图谱分析方法，成功地对不同来源番石榴叶原料进行质量评估，找出了最佳的番石榴叶原料。

（1）收集的番石榴叶样品活性组分 HPLC 指纹图谱被分成两大类。簇 I 样品包括杭州（浙江省），韶关、番禺、江门、东莞、梅州（广东省），台北和台南（台湾省）和南平（福建省）；簇 II 样品包括亳州和合肥（安徽省），保定（河北省），衡阳、岳阳、郴州（湖南省）。

（2）不同来源番石榴叶黄酮组分以及化学组成有非常明显的差异，而相同来源或者相近来源样品（簇Ⅰ样品）没有明显的地理位置和种质资源差异。黄酮类化合物是影响番石榴叶原料质量差异的关键因子。

（3）HPLC 指纹图谱谱 - 生物活性（谱效关系）分析结果证实，番石榴叶样品的抗氧化能力取决于黄酮苷元或糖苷化合物的含量（特别是槲皮素与山奈酚）。

综上，HPLC 指纹图谱技术结合化学计量数分析在番石榴叶原料质量评估方面具有很大的应用潜力。

第三章 番石榴叶多酚成分抗氧化活性的快速鉴别方法构建与构效分析

3.1 引言

高浓度的活性氧会导致细胞结构（细胞膜、蛋白质与核酸）的损伤，进而引起免疫功能障碍、DNA 突变、癌症和心脏病等一系列疾病[181-183]。抗氧化剂是指一类能够帮助清除机体过多的自由基，维持机体自由基平衡，防止人体由于氧化损伤而引起一系列疾病的产生。抗氧化剂按其来源可分为化学合成抗氧化剂与天然抗氧化剂两种。虽然化学合成的抗氧化剂具有很强的抗氧化性，但是研究表明它们也会对人体产生一定的毒性。因此，化学合成的抗氧化剂逐渐被高效的天然抗氧化剂所取代。目前天然抗氧化剂的来源主要分为以下几类化合物：茶多酚类、黄酮类、维生素类、香精油以及酶与蛋白质等[184, 185]。随着人们生活水平与健康要求的提高，从自然界和中草药提取物中筛分天然高效的抗氧化剂引起了人们的高度关注，具有非常广阔的应用前景[186, 187]。

目前广泛采用分光光度计法测定复杂提取液对自由基清除能力来评估其体外抗氧化活性。该方法具有操作简便、响应灵敏、结果准确等优点[188-190]。该方法最大的缺陷就是无法确认复杂混合物中何种化合物具有抗氧化活性，只能测定复杂组分总抗氧化能力或者分离纯化后化合物单体体外抗氧化能力。此方法并不能达到快速鉴别复杂体系中具体的抗氧化活性成分。近年来，有研究者提出了在线 HPLC-DPPH 方法，通过样品提取液中化合物经高效液相色谱分离后与预柱泵出的 DPPH 自由基进行反应，测定反应后的产物在 517 nm 下的吸光值，进而计算样品经高效液相分离后单个样品的抗氧化能力，达到快速筛分的目的[191]。然而，这种方法需要在高效液相色谱中添加一个预柱分离泵系统，成本巨大，并且样品经过预柱分离后，一些含量较小的化合物会进一步损失，造成检出极限降低。

本章建立了一种复杂混合体系下抗氧化活性成分快速鉴别的新方法，不但解决了多级分离纯化耗时、耗力以及有机试剂引起的环境污染等问题，还可以同时鉴别样品何种化合物具有较强的抗氧化活性能力。本章应用此方法快速鉴别了番石榴叶中抗氧化酚类活性成分，明确了番石榴叶核心抗氧化功效成分，即为下一步发酵定向转化的目标组分。

3.2 材料与方法

3.2.1 试剂与材料

同第二章 2.2.1 节，此章不再列出。

3.2.2 实验器材

同第二章 2.2.2 节，此章不再列出。

3.2.3 实验方法

3.2.3.1 标准混合液，DPPH 反应液及 $ABTS^+$ 反应液的制备

混合标准酚工作溶液（MSPs）：用甲醇稀释制备各个标准酚类化合物储备溶液（1 mg/mL），通过吸取 750 μL 各个标准酚类化合物储备溶液在容量瓶稀释定容制备。最后，获得不同浓度的 MSP 工作液（6，12，24，48 和 75 μg/mL）。Vc 标准工作溶液：用蒸馏水稀释制备标准 Vc 储存液（1 mg/mL）。将 Vc 储备液进一步稀释以获得工作溶液（6，12，24，48 和 75 μg/mL）。DPPH 自由基母液（5 mg/mL）：准确称取 0.5 g DPPH 置于棕色瓶容量瓶中，加入 100 mL 甲醇溶解后定容即可。$ABTS^+$ 自由基母液：等体积混合过硫酸钾（2.45 mM）与 ABTS（7 mM），25 ℃下，黑暗环境中温育 16 小时获得。所有制备的溶液均储存在 4 ℃冰箱待用。

3.2.3.2 HPLC-ESI-TOF/MS 与 HPLC 定量分析

HPLC-ESI-TOF/MS 条件：分离采用 Agilent 1200 HPLC 系统。流动相 A 相为 0.1% 甲酸溶液，B 相为乙腈；洗脱程序为 0 ~ 5 min，15% B；5 ~ 10 min，15% ~ 20% B；10 ~ 20 min，20% ~ 25% B；20 ~ 30 min，25% ~ 35% B；30 ~ 40 min，35% ~ 50% B；40 ~ 50 min，80% B；50 ~ 55 min，15% B。色谱柱 SunFireTM C18（250 × 4.6 mm，5 μm，Waters，USA)，柱温 30 ℃；流速为 0.8 mL/min；进样体积为 10 μL；检测波长全波长扫描 200 ~ 600 nm。LC/MS 采用正离子检测模式，记录滞留时间为 500 ms 在 m/z 100 ~ 1000 的离子丰度。其他质谱操作条件如下：4 kV 电喷雾电压；流速为 6.0 L/min 的干燥气体（N_2）；汽化器温度和电压分别为 350 ℃和 ± 40 V。样品中多酚组分通过与其标准品在高效液相色谱中的保留时间以及质谱离子碎片比较分析鉴定。

活性组分分离与定量分析：活性组分分离采用 Waters 2695 HPLC 系统，检测器为二极管阵列检测器（Waters 2998，USA）；色谱条件参照 HPLC-ESI-TOF/MS 条件，扫描波长设定在 254 nm（样品中各化合物的最大吸收峰）。样品中各活性组分的含量根据其标准曲线计算获得。

3.2.3.3 HPLC 线性、LOD、LOQ、精密性以及可靠性验证

方法同第二章 2.2.3.2 节。

3.2.3.4 HPLC-FRSAD 方法的建立

DPPH 与 $ABTS^+$ 法已被广泛应用于评价功能性食品、饮料或者植物基质中天然抗氧化剂抗氧化能力。由于 DPPH/$ABTS^+$ 可以捕获抗氧化剂中一个或多个氢原子，当自由基与它们结合后形成一种新的化合物，从而导致抗氧化剂在液相色谱中峰面积减少或者消失。通过检测反应前后抗氧化剂含量的变化计算出各化合物体外抗氧化能力。基于这个原理，本章建立的 HPLC-自由基清除检测方法（HPLC-FRSAD）具体流程如图 3-1 所示。

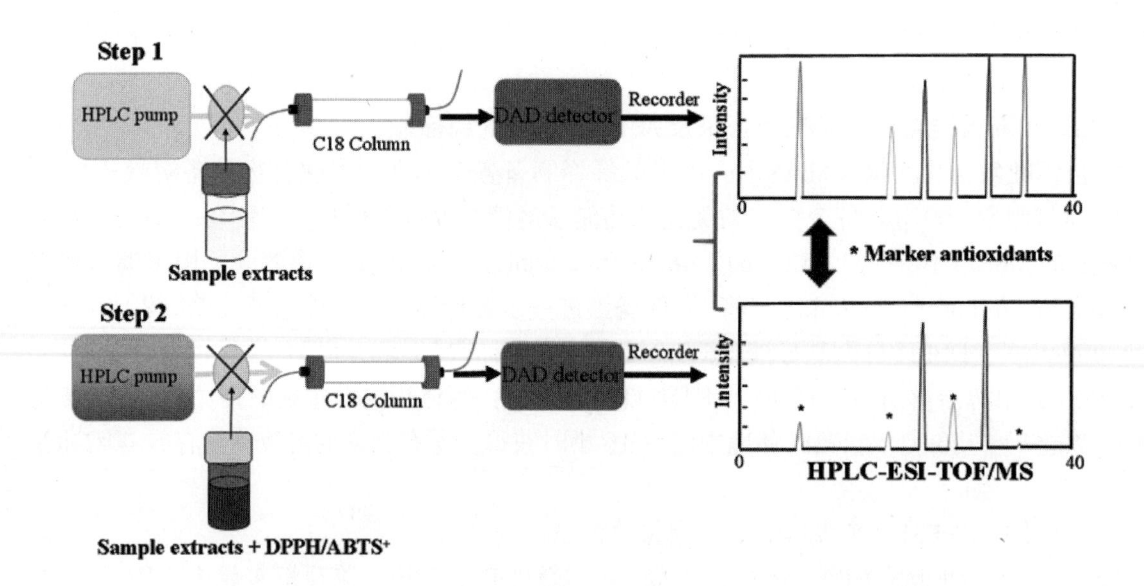

图 3-1 HPLC- 自由基清除检测方法（HPLC-FRSAD）示意图

3.2.3.5 多酚混合标准组分 HPLC-FRSAD 在线快速鉴别

多酚混合标准组分 HPLC-DPPH 快速鉴别：多酚混合标准组分 DPPH 自由基清除实验根据文献报道的方法，稍作修改[192]。将 3.2.3.1 节配制好的多酚混合标准液（MSPs）或 Vc 工作液分别与高浓度 DPPH 自由基溶液（5 mg/mL）按 1 ∶ 1 的体积比混匀，在 25 ℃下，黑暗中反应 1h（确保抗氧化剂反应完全）。用甲醇代替 DPPH 自由基溶液作为空白对照。HPLC 分析前，所有测试样品均用 0.22 μm 微孔有机滤膜过滤。反应后，每种标准化合物的 DPPH 自由基清除率根据公式 1 计算获得：

$$清除率(\%) = \frac{A_0 - A_1}{A_0} \times 100\% \qquad （公式 1）$$

其中 A_0 是指 MSPs 或 Vc 与 DPPH 自由基反应之前各组分的起始浓度；A_1 是指 MSPs 或 Vc 与 DPPH 自由基反应之后各组分的最终浓度。

多酚混合标准组分 HPLC-ABTS$^+$ 快速鉴别：多酚混合标准组分 ABTS$^+$ 自由基清除试验根据文献报道的方法进行，稍作修改[192]。将 3.2.3.1 节配制好的多酚混合标准液（MSPs）或 Vc 工作液分别与高浓度 ABTS$^+$ 自由基溶液按 1 ∶ 1 的体积比混匀，在 25 ℃下，黑暗中反应 1 小时（确保抗氧化剂反应完全）。用甲醇代替 ABTS$^+$ 自由基溶液作为空白对照。HPLC 分析之前，所有测试样品均用 0.22 μm 微孔有机滤膜过滤。反应后，每种标准化合物的 ABTS$^+$ 自由基清除率根据公式 1 计算获得：其中 A_0 是指 MSPs 或 Vc 与 ABTS$^+$ 自由基反应之前各组分的起始浓度；A_1 是指 MSPs 或 Vc 与 ABTS$^+$ 自由基反应之后各组分的最终浓度。

3.2.3.6 番石榴叶多酚组分抗氧化成分 HPLC-FRSAD 方法鉴别

番石榴叶多酚化合物的提取：番石榴叶中多酚的提取工艺参照文献描述的方法，稍作调整。具体如下：将收集新鲜番石榴叶样品置于恒温烘箱烘烤 60 ℃，烘干 15 h，用小型磨粉机磨成粉末状。取 0.4 g 番石榴叶粉末于 15 mL 离心管中，加入 10 mL 70% 甲醇浸泡，将样品置于超声破碎仪中，320 W，50 ℃超声 30 min 后。样品提取液 12, 000 g 转速下离心 4 min，上层清液即为番石榴叶多酚提取液，所有样品均执行三次。所有样品均置于 4 ℃冰箱待用。

番石榴叶提取液抗氧化成分 HPLC-DPPH 快速筛选：将 3.2.3.6 节提取的番石榴叶活性组分提取液稀释至合适倍数与高浓度 DPPH 自由基溶液（5 mg/mL）按 1 ：1 的体积比混匀，在 25 ℃下，黑暗中反应 1h（确保抗氧化剂反应完全）[164]。用甲醇代替 DPPH 自由基溶液作为空白对照。HPLC 分析之前，所有测试样品均用 0.22 μm 微孔有机滤膜过滤。反应后，番石榴叶中各活性组分 DPPH 自由基清除率根据公式 2 计算获得：

$$清除率 (\%) = \frac{A_0 - A_1}{A_0} \times 100 \qquad （公式 2）$$

其中 A_0 是指番石榴叶活性组分稀释液与 DPPH 自由基反应之前各组分的起始浓度；A_1 是指番石榴叶活性组分稀释液与 DPPH 自由基反应之后各组分的最终浓度。

番石榴叶提取液抗氧化成分 HPLC-$ABTS^+$ 快速筛选：将 3.2.3.6 节提取的番石榴叶活性组分提取液稀释至合适倍数与高浓度 $ABTS^+$ 自由基溶液按 1 ：1 的体积比混匀，在 25 ℃下，黑暗中反应 1 小时（确保抗氧化剂反应完全）[164]。用甲醇代替 $ABTS^+$ 自由基溶液作为空白对照。HPLC 分析之前，所有测试样品均用 0.22 μm 微孔有机滤膜过滤。反应后，每种标准化合物的 $ABTS^+$ 自由基清除率根据公式 2 计算获得：其中 A_0 是指番石榴叶活性组分稀释液与 $ABTS^+$ 自由基反应之前各组分的起始浓度；A_1 是指番石榴叶活性组分稀释液与 $ABTS^+$ 自由基反应之后各组分的最终浓度。

3. 2. 4 统计学分析

所有数据使用 IBS SPSS 16.0 软件进行分析。所有测试数据均表示为三次独立实验的平均值 ± 标准误差（SD）。采用单因素方差分析法计算数据显著性差异（$p < 0.05$）。

3. 3 结果与讨论

3. 3. 1 HPLC 方法的建立与验证

通过混合标准液的 HPLC 色谱检测结果可以得出，所有化合物在 HPLC 检测中均具有良好的线性回归（R2 > 0.998）。而且所有化合物在该 HPLC 分离条件下具有非常好的分离效果。各个标准化合物检测的 LOD 和 LOQ 值也清楚地证实，所建立的 HPLC 分析方法具有较高的灵敏度（表 3-1）。

表 3-1 各标准化合物线性回归方程，R^2，LOD，LOQ 与其线性范围分析

Analytes	Regression equation [a]	R^2	LOD (μg/mL)	LOQ (μg/mL)	Linear range (μg/mL)
Gallic acid	$Y=3.56\times10^7X+2.06\times10^4$	0.9971	0.037	0.071	5.64 ~ 70.5
Chlorogenic acid	$Y=4.21\times10^7X+6.02\times10^4$	0.9992	0.051	0.097	5 ~ 75
p-hydroxybenzoic acid	$Y=2.17\times10^7X+1.32\times10^3$	0.9998	0.053	0.061	5 ~ 75
Procyanidin B3	$Y=1.24\times10^7X+3.74\times10^4$	0.9993	0.027	0.084	5 ~ 50
Rutin	$Y=5.21\times10^7X+1.31\times10^3$	0.9989	0.058	0.092	5 ~ 75
Hyperoside	$Y=2.74\times10^7X+1.11\times10^3$	0.9992	0.031	0.062	5 ~ 75
Isoquercitrin	$Y=4.69\times10^7X-1.69\times10^3$	0.9991	0.067	0.095	5 ~ 75
Quercetin-3-O-β-D-xylopyranoside	$Y=3.11\times10^7X-1.60\times10^4$	0.9999	0.027	0.054	5 ~ 75
Quercetin-3-O-α-L-arabinoside	$Y=3.23\times10^7X-9.10\times10^3$	0.9999	0.031	0.075	5 ~ 75
Avicularin	$Y=4.33\times10^7X+1.59\times10^4$	0.9993	0.018	0.069	5 ~ 75

表 3-1 各标准化合物线性回归方程，R^2，LOD，LOQ 与其线性范围分析（续）

Analytes	Regression equation [a]	R^2	LOD (μg/mL)	LOQ (μg/mL)	Linear range (μg/mL)
Quercitrin	$Y=2.43\times10^7X+8.13\times10^3$	0.9992	0.027	0.047	5 ~ 75
Quercetin	$Y=3.66\times10^7X-2.58\times10^4$	0.9998	0.018	0.057	5 ~ 75
Kaempferol	$Y=1.61\times10^7X-1.71\times10^4$	0.9992	0.031	0.034	5 ~ 75
Vc	$Y=4.45\times10^7X+1.96\times10^4$	0.9967	0.076	0.095	10 ~ 100

所有化合物在 HPLC 色谱中保留时间和峰面积的相对误差值（RSD）均低于 0.89% 和 2.12%；重复性的相对误差值均低于 1.07% 和 2.71%；在两天内测定化合物稳定性的相对误差值均低于 0.91% 和 2.27%；而且各化合物回收率均高于 96.47%，回收率的相对误差值均低于 2.87%。综合上述结果表明，所建立的 HPLC 色谱方法具有良好的重复性与稳定性以及较高的精确度，满足下一步 HPLC 色谱分析实验要求（表 3-2）。

表 3-2 分析化合物测试精密性，稳定性，重复性与回收率

Analytes	Precision (n = 4)		Stability (n = 4)		Repeatability (n = 4)		Recovery (n = 4)	
	RSD of RT (%)	RSD of PA (%)	RSD of RT (%)	RSD of PA (%)	RSD of RT (%)	RSD of PA (%)	Recovery (%)	RSD (%)
Gallic acid	0.46	1.37	0.47	1.15	0.57	1.73	100.72	0.75
Chlorogenic acid	0.76	1.68	0.39	2.25	0.23	1.65	98.01	2.37
p-hydroxybenzoic acid	0.43	2.01	0.51	0.69	0.37	0.78	97.85	2.87
Procyanidin B3	0.51	1.78	0.48	1.35	1.07	1.69	97.49	1.25
Rutin	0.39	2.07	0.58	2.12	0.91	1.76	100.32	1.79
Hyperoside	0.55	1.67	0.67	1.07	1.02	1.62	96.47	1.34
Isoquercitrin	0.29	2.12	0.45	2.03	0.71	1.25	100.17	1.75
Quercetin-3-O-β-D-xylopyranoside	0.37	1.71	0.78	1.97	0.36	0.79	98.89	1.29
Quercetin-3-O-α-L-arabinopyranoside	0.42	1.12	0.91	1.73	0.29	1.35	97.73	1.71
Avicularin	0.89	1.57	0.52	0.79	0.27	2.71	101.35	0.74
Quercitrin	0.81	1.77	0.47	1.17	0.45	1.24	98.27	1.52
Quercetin	0.36	1.34	0.32	1.46	0.31	1.25	99.92	2.53
Kaempferol	0.29	0.57	0.82	2.27	0.46	2.32	100.87	1.87
Vc	0.17	0.63	0.91	2.09	0.38	2.03	98.36	2.02

3.3.2 HPLC-DPPH 法鉴别标准品混合体系（MSPs）抗氧化成分及构效分析

如图 3-2AB 和表 3-3 所示，在标准化合物混合液中（MSPs），各化合物对 DPPH 自由基清除能力顺序：槲皮素 > 山奈酚 > 没食子酸 > 绿原酸 > 槲皮素糖苷（槲皮素 -3-O-α-L- 阿拉伯糖苷，槲皮素 -3-O-β-D- 吡喃木糖苷，扁蓄苷，槲皮苷和异槲皮苷）> 芦丁 > 对羟基苯甲酸。结果表明，槲皮素与山奈酚对 DPPH 自由基清除能力远强于其他化合物，他们的抗氧化能力与 Vc 相当。槲皮素和山奈酚是一类具有较强抗氧化活性的典型黄酮类化合物，在食品工业中得到了广泛的应用。Sghaier 等人证实，黄酮类化合物的羟基化可以提高抗氧化活性，而黄酮类化合物羟基结构被糖基化或者被氢原子取代则明显降低其抗氧化能力。与其他酚类化合物相比，由于槲皮素结构中含有 3-、5-、7-、3' - 和 4' - 羟基结构，因此，槲皮素的抗氧化活性最强 [193]。然而，山奈酚分子结构中缺乏 3'- 二羟基结构，因此表现出比槲皮素略低的抗氧化活性。而槲皮素糖苷类化合物的抗氧化能力比槲皮素低得多，这是由于它们分子中的 3- 羟基结构被一个或多个糖苷基所取代。没食子酸和绿原酸属于羟基苯甲酸家族，其在 3 位和 4 位上都存在羟基结构，这个结构对自由基清除能力有着非常重要的作用 [194, 195]。但其缺乏 3'，4' - 羟基结构，因此，没食子酸和绿原酸 DPPH 自由基清除活性略低于槲皮素和山奈酚。本章在标准酚类化合物混合体系下，各化合物的 DPPH 自由基清除能力检测结果与文献报道大体一致 [196, 197]。因此，该方法可应用于快速筛选复杂混合体系中的天然抗氧化剂。

表 3-3 MSPs 组分或维生素 C 对 DPPH 和 ABTS 自由基清除率

Peak	Analytes	DPPH radical scavenging activity			ABTS⁺ radical scavenging activity		
		A0 (μg/mL)	A1 (μg/mL)	SA (%)	A0 (μg/mL)	A1 (μg/mL)	SA (%)
1	Gallic acid	40.31	7.56 ± 0.57c	79.74 ± 2.35d	43.37	14.75 ± 1.43c	65.99 ± 3.01d
2	Chlorogenic acid	42.01	13.18 ± 1.41d	68.62 ± 1.31c	42.34	17.32 ± 0.97c	59.09 ± 1.73d
3	p-hydroxybenzoic acid	39.15	27.86 ± 1.57e	28.87 ± 1.24a	43.99	32.55 ± 0.56d	26.01 ± 1.02a
4	Rutin	41.35	26.11 ± 1.41e	36.87 ± 1.31b	45.15	30.35 ± 0.97d	32.78 ± 1.42a
5	Isoquercitrin	39.89	17.79 ± 1.57d	55.40 ± 2.04c	40.98	21.34 ± 0.56d	47.92 ± 1.39c
6	Quercetin-3-O-β-D-xylopyranoside	38.94	16.68 ± 1.03d	57.16 ± 1.89c	45.67	27.08 ± 0.45d	40.70 ± 2.92c
7	Quercetin-3-O-α-L-arabinoside	39.85	15.98 ± 0.69d	59.90 ± 3.75c	49.36	31.14 ± 0.71d	36.91 ± 1.47b
8	Avicularin	40.36	18.57 ± 2.01d	53.99 ± 1.09c	45.57	26.32 ± 1.04d	42.24 ± 0.79c
9	Quercitrin	41.87	14.25 ± 1.12d	65.97 ± 0.97c	39.13	18.25 ± 1.23c	53.36 ± 0.52d
10	Quercetin	40.27	3.36 ± 0.06a	91.65 ± 1.76f	57.15	7.75 ± 0.12a	86.44 ± 3.12f
11	Kaempferol	39.48	5.25 ± 0.35b	86.70 ± 0.78e	49.89	8.13 ± 0.09b	83.70 ± 2.73e
	Vitamin C	35.17	3.34 ± 0.02a	90.05 ± 1.43f	31.37	4.18 ± 0.01a	86.68 ± 2.27f

A_0：MSPs 组分或维生素 C 与自由基反应前的初始浓度

A_1：MSPs 组分或维生素 C 与自由基反应后的最终浓度

SA：自由基清除能力。MSPs：混合标准多酚溶液

每一列中不同小写字母（a-f）表示统计学显著性分析（$p < 0.05$）

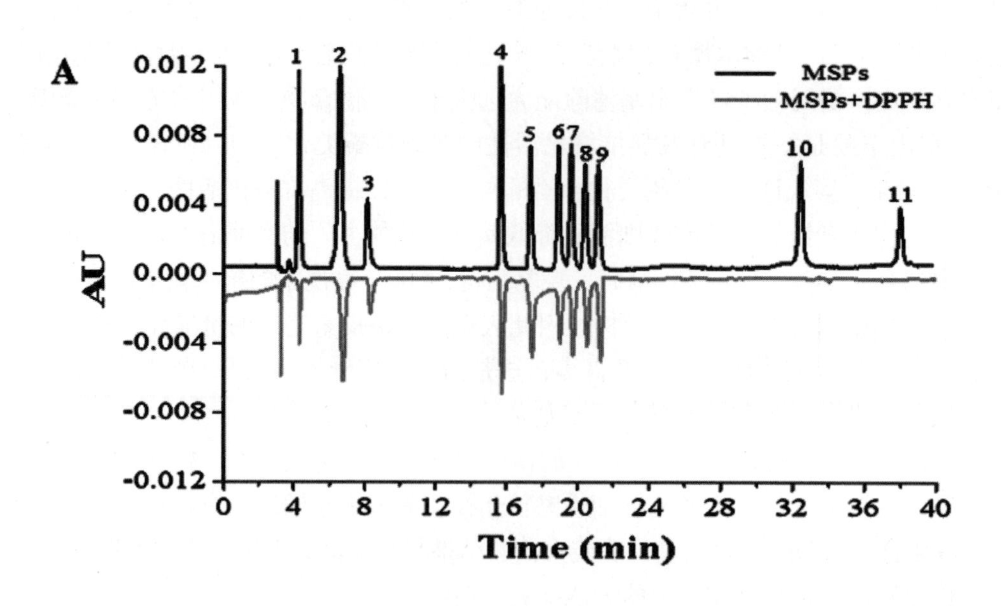

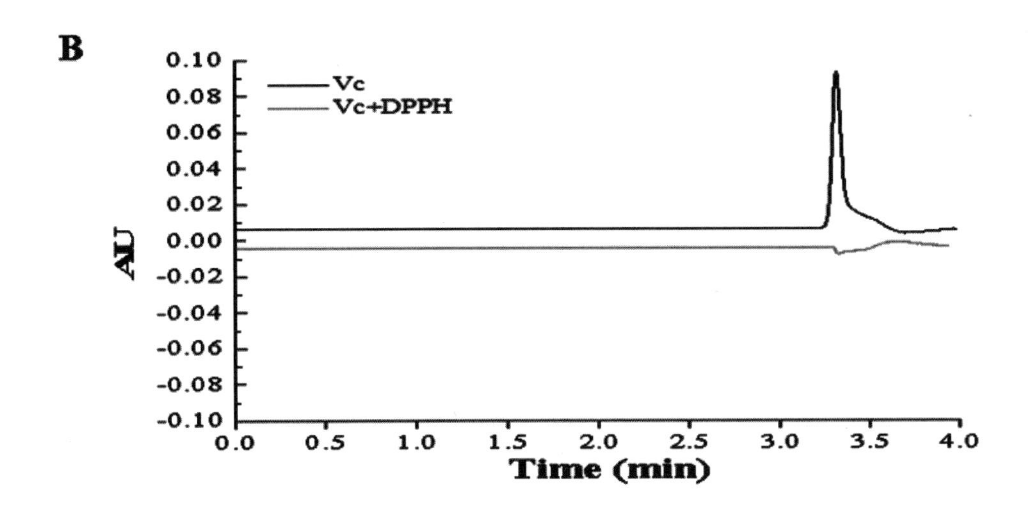

图 3-2 MSPs/Vc 与 DPPH 自由基（A，B）反应前后的 HPLC 色谱图。1，没食子酸；2，绿原酸；3，p- 对羟基苯甲酸；4，芦丁；5，异槲皮苷；6，槲皮素 -3-O- β -D- 吡喃木糖苷；7，槲皮素 -3-O- α -L- 阿拉伯吡喃糖苷；8，扁蓄苷；9，槲皮苷；10，槲皮素；11，山奈酚

3.3.3 HPLC-ABTS^{+} 法鉴别标准品混合体系（MSPs）抗氧化成分及构效分析

ABTS^{+} 法是另外一种体外评价天然抗氧化剂自由基清除能力的方法。图 3-3AB 与表 3-3 反映了 MSPs 各组分和 Vc 对 ABTS^{+} 自由基清除活性的差异。结果表明，槲皮素对 ABTS^{+} 自由基清除能力最强，其次是山奈酚、没食子酸和绿原酸。众所周知，黄酮类化合物结构中的羟基数量、位置和类型对清除 ABTS^{+} 自由基的能力有非常重要的影响 [198]。Chen 等人证实，黄酮类化合物 B- 环结构的 3’，4’ - 羟基基团和 A- 环中的 OH 基团具有较强的 ABTS^{+} 自由基清除活性 [189]。本研究中，由于槲皮素和山奈酚分子中含有 3-、5-、7- 和 4 ‘- 羟基结构，因此它们对 ABTS^{+} 自由基清除能力明显高于槲皮素糖苷和其他酚酸类化合物（没食子酸、绿原酸和对羟基苯甲酸）。槲皮素糖苷类化合物对 ABTS^{+} 自由基清除能力明显低于槲皮素。然而，p- 对羟基苯甲酸（分子结构中只有 4-OH 基团）显示了最弱的 ABTS^{+} 自由基清除活性 [199]。由此可见，HPLC-ABTS^{+} 结果与上述 HPLC-DPPH 测定结果大体一致。

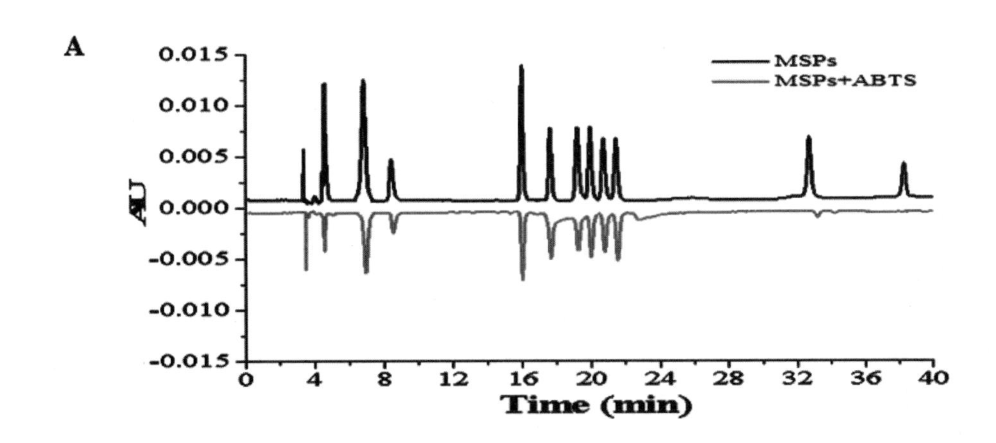

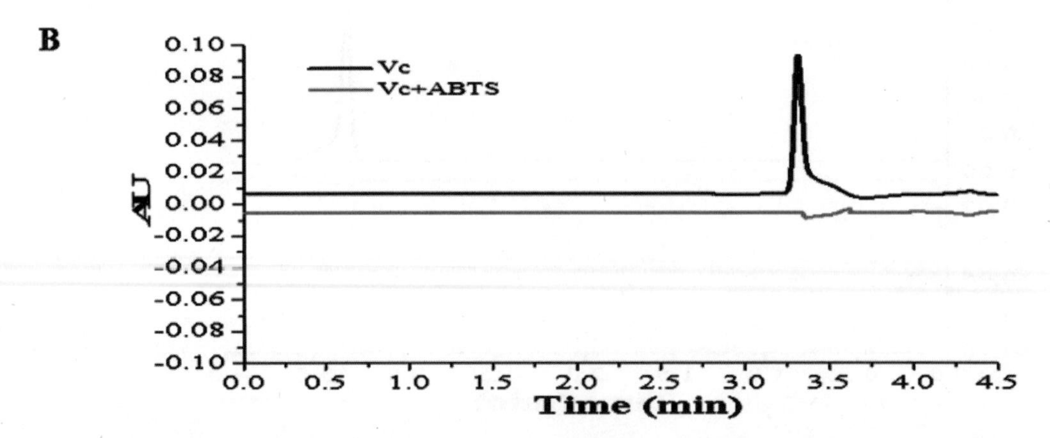

图 3-3 MSPs（A）和 Vc（B）与 ABTS+ 自由基反应前后的 HPLC 色谱图。

3.3.4 番石榴叶提取液活性成分结构鉴定

根据 HPLC-ESI-TOF/MS 结果和标准酚类化合物的 HPLC 色谱图（图 3-4），对番石榴叶茶提取液的酚类成分进行了鉴定，具体鉴定过程见第二章。

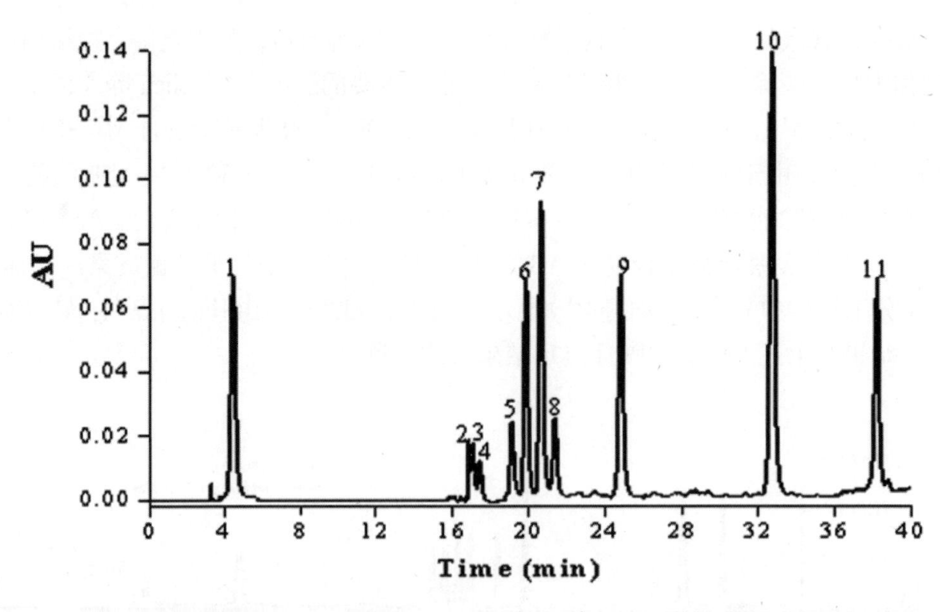

图 3-4 多酚化合物标品 HPLC 色谱图。1，没食子酸；2，原花青素 B3；3，金丝桃苷；4，异槲皮苷；5，槲皮素 -3-O-β-D- 吡喃木糖苷；6，槲皮素 -3-O-α-L- 阿拉伯吡喃糖苷；7，扁蓄苷；8，槲皮苷；9，山奈酚 -3- 阿拉伯呋喃糖苷；10，槲皮素；11，山奈酚

番石榴叶提取液中被鉴定的主要多酚类化合物的化学结构式见图 3-5。可以看出，番石榴叶提取液活性组分大致分为三类：酚酸类（没食子酸和原花青素 B3）、黄酮醇苷元类（槲皮素

和山奈酚）和黄酮醇糖苷类（芦丁、金丝桃苷、异槲皮苷、槲皮素 -3-O- α -L- 吡喃阿拉伯糖苷、槲皮素 -3-O- β -D-O- 吡喃木糖苷、扁蓄苷、槲皮苷、山奈酚 -3-O- 呋喃阿拉伯糖苷）。

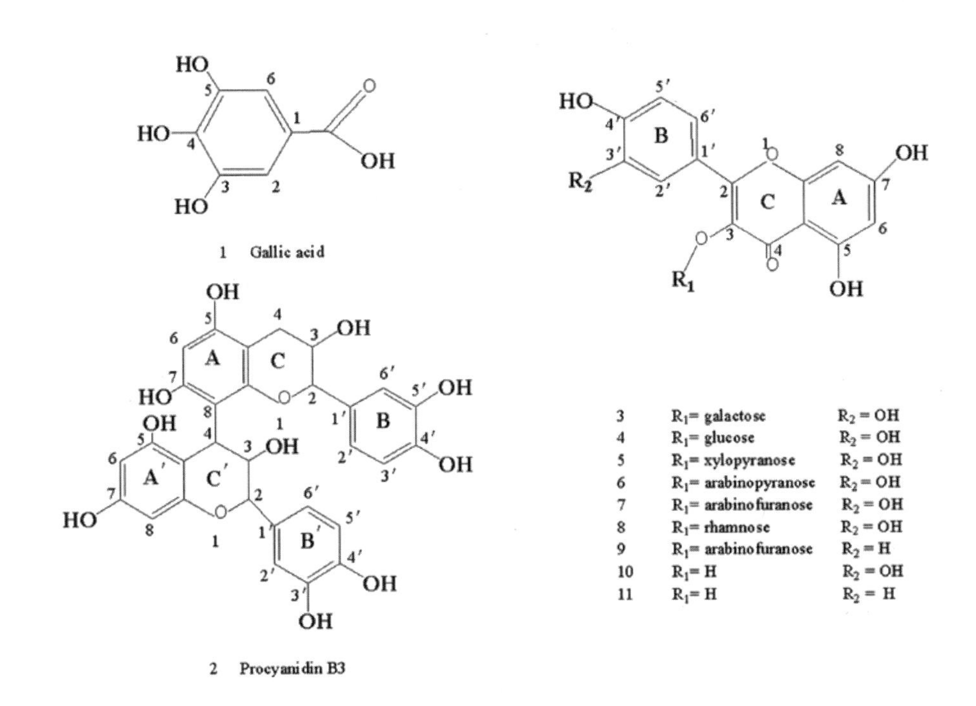

图 3-5 番石榴叶提取液主要多酚活性组分的化学结构式

3.3.5 HPLC-DPPH 法快速鉴别番石榴叶多酚组分抗氧化成分及构效分析

图 3-6 表示番石榴叶提取液同 DPPH 自由基反应前后经 HPLC 分离后的色谱图。表 3-4 中清楚地揭示了番石榴叶提取液中单个酚类化合物对 DPPH 自由基清除能力的差异。结果表明，黄酮醇苷元类和酚酸（没食子酸和原花青素 B3）对 DPPH 自由基清除能力明显高于黄酮醇糖苷。研究表明，酚类化合物结构中羟基的数量和位置对其自由基清除能力有非常重要的影响。原花青素 B3（含有 10 个 OH 基）和槲皮素（含有 5 个 OH 基）均比没食子酸（含有 3 个 OH 基）和黄酮醇糖苷类（含有 4 个 OH 基）具有更多数量的羟基。因此，与其它酚类化合物相比，它们具有更高的 DPPH 自由基清除能力。Heim 等人证实，当黄酮醇化合物中的 3- 羟基被不同的糖苷取代后，其 DPPH 自由基清除活性明显降低。而且糖基化越多，其抗氧化活性越低 [200]。本研究中，对于黄酮醇糖苷类（芦丁、金丝桃苷、异槲皮苷、槲皮素 -3-O- α -L- 吡喃阿拉伯糖苷、槲皮素 -3-O- β -D-O- 吡喃木糖苷、扁蓄苷、槲皮苷、山奈酚 -3-O- 呋喃阿拉伯糖苷），其 3- 羟基被不同的糖苷所取代，因此它们的 DPPH 自由基清除活性明显低于黄酮醇苷元类化合物（槲皮素）。重要的是，通过 HPLC-DPPH 法对番石榴叶提取液多酚组分抗氧化活性成分鉴别结果与文献报道的结果基本一致。

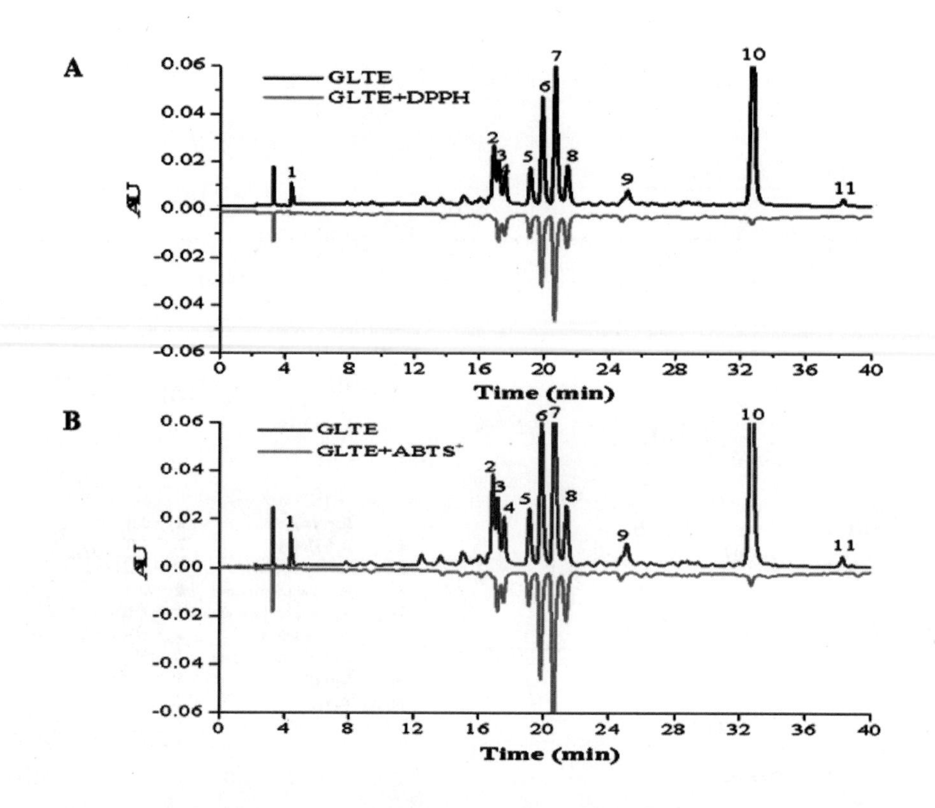

图 3-6 番石榴叶提取液与 DPPH（A）和 ABTS+（B）反应前后 HPLC 色谱图。1，没食子酸；2，原花青素 B3；3，金丝桃苷；4，异槲皮苷；5，槲皮素 -3-O-β-D- 吡喃木糖苷； 6，槲皮素 -3-O-α-L- 阿拉伯吡喃糖苷；7，扁蓄苷；8，槲皮苷；9，山奈酚 -3- 阿拉伯呋喃糖苷；10，槲皮素；11，山奈酚

3.3.6 HPLC-ABTS$^+$ 法快速鉴别番石榴叶多酚组分抗氧化成分及构效分析

图 3-5B 和表 3-4 显示了番石榴叶提取液各单个多酚组分对 ABTS$^+$ 自由基清除能力差异。番石榴叶提取液多酚组分对 ABTS$^+$ 自由基清除能力顺序：原花青素 B3 > 槲皮素 > 山奈酚 > 没食子酸 > 黄酮醇糖苷。通过 HPLC-ABTS$^+$ 方法对番石榴叶多酚组分抗氧化活性成分鉴别结果与上述 HPLC-DPPH 测试结果一致。ABTS$^+$ 和 DPPH 自由基清除机制均是以供氢和 / 或单电子转移为基础的 [201]。Burda 与 Oleszek 研究表明，酚类或黄酮类化合物对自由基的清除活性不仅受到分子结构中酚类羟基的数量和位置的高度控制，同时也受到其羟基结构糖基化影响。由于槲皮素和原花青素 B3 具有最高数量的羟基基团，尤其是其结构 A- 环中的 7-OH，均是清除 ABTS$^+$ 自由基非常重要的结构 [202]。因此，原花青素 B3 具有最高的 ABTS 自由基清除活性，其次是槲皮素。而黄酮醇糖苷类化合物的 3- 羟基被不同的糖苷所取代，从而导致其 ABTS$^+$ 自由基清除率低于黄酮醇苷元类化合物。总之，通过 HPLC-ABTS$^+$ 方法鉴别结果与其他研究者研究的单体化合物构效关系大体一致 [203-205]。这也进一步证实本章构建的复杂天然产物中抗氧化活性成分快速鉴别方法的灵敏性与可靠性。

表 3-4 番石榴叶提取液各组分对 DPPH 和 ABTS 自由基清除率

Peaks No.	Compounds	DPPH radical scavenging activity			ABTS⁺ radical scavenging activity		
		A0 (μg/mL)	A1 (μg/mL)	SA (%)	A0 (μg/mL)	A1 (μg/mL)	SA (%)
1	Gallic acid	81.47	9.37 ± 0.34c	83.59 ± 2.35c	82.03	11.42 ± 2.01c	86.08 ± 1.89c
2	Procyanidin B3	47.09	1.45 ± 0.98a	96.92 ± 1.32d	47.63	2.08 ± 2.01a	95.63 ± 1.02d
3	Hyperoside	34.36	16.68 ± 1.03d	57.16 ± 1.89b	33.97	14.25 ± 1.12c	65.97 ± 0.97b
4	Isoquercitrin	23.28	9.98 ± 0.79c	57.13 ± 2.77b	24.01	8.36 ± 0.06c	65.18 ± 2.07b
5	Quercetin-3-O-β-D-xylopyranoside	32.17	14.57 ± 2.01b	54.70 ± 2.12b	33.03	15.68 ± 2.02c	57.16 ± 1.86b
6	Quercetin-3-O-α-L-arabinopyranoside	53.47	21.37 ± 1.71e	60.03 ± 0.52b	55.98	23.62 ± 0.69d	57.81 ± 4.72b
7	Avicularin	85.42	37.35 ± 2.62f	56.27 ± 2.71b	79.13	29.71 ± 1.51d	62.42 ± 1.29b
8	Quercitrin	41.35	16.68 ± 1.01d	59.66 ± 1.21b	40.87	17.36 ± 0.76c	57.52 ± 1.77b
9	kaempferol-3-arabofuranoside	12.42	6.78 ± 0.37b	45.41 ± 3.27a	11.63	5.68 ± 1.12b	51.16 ± 2.01a
10	Quercetin	157.41	5.57 ± 2.01a	96.46 ± 3.02d	161.67	10.96 ± 0.71a	93.22 ± 4.07d
11	Kaempferol	8.37	1.25 ± 1.12a	85.06 ± 2.78c	8.11	0.52 ± 0.17a	81.25 ± 1.71c

A_0：番石榴叶提取液各组分与自由基反应前的初始浓度

A_1：番石榴叶提取液各组分与自由基反应后的最终浓度

SA：自由基清除能力。MSPs：混合标准酚类化合物溶液

每一列中不同小写字母（a-f）表示统计学显著性分析（$p < 0.05$）

3.4 本章小结

天然产物或者食品的小分子抗氧化活性成分在人体健康中扮演重要的角色。本章建立了一种复杂混合体系下抗氧化活性成分的快速鉴别方法，既避免了传统多级分离纯化耗时、耗力等缺点，同时又可以快速明确天然产物复杂提取液中核心抗氧化活性成分。

（1）混合多酚标准混合体系验证了建立的离线 HPLC-FRSAD 筛分方法具有高灵敏度以及可靠性等特点。在 12 中酚类标准化合物中，槲皮素与山奈酚抗氧化性最强，其次为槲皮素糖苷类化合物，p- 对羟基苯甲酸抗氧化活性最弱。

（2）番石榴叶提取液中黄酮醇苷元类（槲皮素与山奈酚）和酚酸（没食子酸和原花青素 B3）对 DPPH 以及 ABTS⁺ 自由基清除能力明显高于黄酮醇糖苷类化合物。明确了番石榴叶茶提取液中主要的抗氧化酚类成分为没食子酸、原花青素 B3、槲皮素以及山奈酚。

（3）构效关系分析结果表明，酚类化合物结构中羟基的数量和位置对其自由基清除能力有非常重要的影响。黄酮类化合物的羟基化可以提高抗氧化活性，而黄酮类化合物羟基结构被糖基化或者被氢原子取代则明显降低其抗氧化能力。

第四章 番石榴叶多酚组分体外降血糖成分鉴别方法构建与构效分析

4.1 引言

糖尿病（diabetes）是由遗传因素、免疫功能紊乱、微生物感染及其毒素、自由基毒素、精神因素等作用导致胰岛功能减退、胰岛素抵抗等从而引发的糖、蛋白质、脂肪、水和电解质等一系列代谢紊乱综合征[205]。临床上以高血糖为主要特点，典型病例为多尿、多饮、多食、消瘦等表现，即“三多一少”的症状。糖尿病的病因和发病机制非常复杂，目前的观点认为主要有胰岛素抵抗、胰岛 β 细胞功能衰竭和胰岛素分泌障碍。其原因是多方面的，除遗传因素外，环境因素也有重要关系。社会经济发展、生活水平提高、饮食热量摄入过多、体力劳动减轻、心理应激增加以及肥胖增加均与糖尿病有着密切的相关性。糖尿病可以导致心脏病、高血压、肾衰竭、失明、下肢溃疡或坏死等多种并发症，严重者会造成尿毒症，从而导致患者残疾或死亡，已经成为继肿瘤和心血管疾病之后的“第三号杀手”。截至 2011 年，我国高血糖人数已高达 2.3 亿人，糖尿病患者已逾 9240 万人，并且有快速增多的趋势。因此迫切需要研究和开发天然绿色的降血糖产品。

目前被广泛用于预防与治疗降血糖的药物主要是西药。主要分为三类：① 1 代和 2 代磺脲类药物。② 第三代磺脲类药物（格列美脲、那格列奈和瑞格列奈、二甲基双胍片和噻唑烷二酮类、噻唑烷二酮类）。③ α－葡萄糖苷酶抑制子包括（阿卡波糖和米列格醇）和脂肪酶抑制子（奥列司他）。虽然这些药物降糖效果较好，但是副作用较多，易产生耐药性，而且它们高昂的费用也是制约它们临床应用的主要原因之一[206]。α－葡萄糖苷酶抑制剂可以干扰葡萄糖和脂肪的吸收，从而改善了餐后急增的葡萄糖和胰岛素分泌之间的时间延缓关系[207, 208]。目前，研究最广的是天然产物中筛分出 α－葡萄糖苷酶或者 α－淀粉酶抑制剂，代替化学合成药物，成为高效、安全、廉价的天然降血糖药物。

天然产物复杂提取液中筛选 α－葡萄糖苷酶抑制剂的传统方法是通过有机溶剂进行多步萃取与分离，然后测定分离的单体化合物的 α－葡萄糖苷酶抑制活性。这种方法耗时、耗力、污染大且效率低下[209, 210]。而且，多级分离过程中物质的分解、不可逆吸附和稀释作用会导致假阳性事件，并相应地增加筛选失败的风险。研究表明，番石榴叶是一种传统的天然降血糖茶，对于番石榴叶提取液哪种化合物是其核心降血糖功效成分至今尚未明确。本章首次建立了以 α－葡萄糖苷酶作为药物靶点（受体），与天然产物活性分子（配体）通过生物亲和作用形成大分子复合体，超滤离心收集大分子复合体离心后释放的配体化合物，结合高效液相质谱分析方法（BAUF-HPLC-ESI-TOF/MS），快速鉴别番石榴叶提取液中的 α－葡萄糖苷酶抑制剂因子，明确了番石榴叶核心降血糖活性成分。本章研究可以为中草药或者天然产物中潜在降血糖活性分子快速初筛提供指导意义。

4.2 材料与方法

4.2.1 材料与试剂

本章所用的主要实验材料与试剂如表 4-1 所示。

表 4-1 实验材料与试剂

材料与试剂	规格 / 型号	生产产家
多酚标准品	HPLC	美国 Sigma 公司
番石榴叶	-	江门南粤番石榴叶茶制造合作社
甲酸	HPLC	美国 Fisher Scientific 公司
乙腈	HPLC	美国 Fisher Scientific 公司
二甲基亚砜	HPLC	美国 Fisher Scientific 公司
甲醇	HPLC	美国 Fisher Scientific 公司
α - 葡萄糖苷酶	EC 3.2.1.20	美国 Sigma-Aldrich 公司
对硝基苯基 - α -D- 吡喃葡萄糖苷	AR	美国 Sigma-Aldrich 公司
阿卡波糖	AR	美国 Sigma-Aldrich 公司
离心超滤膜	10kDa，30kDa，50kDa	美国 Millipore 有限公司
去离子水	Milli-Q 水纯化系统	美国 Millipore 有限公司

4.2.2 实验仪器

本章所使用的主要实验仪器如表 4-2 所示。

表 4-2 主要实验仪器

仪器及型号	品牌或生产商
电子分析天平 TE612-L	德国 Sartorius
真空抽滤机 SHZ-D	上海霄汉实业发展有限公司
旋转蒸发仪	德国 Heidolph
超声仪 KQ-400KDE	昆山市超声仪器有限公司
高效液相色谱系统	美国 Waters 2695
HPLC 二极管阵列检测器（PDA）	美国 Waters 2998
液相色谱（HP1100）质谱（microTOF-QII）联用仪	美国 Angilent/ 德国 Bruker
恒温水浴锅	天津奥特赛恩斯仪器有限公司
酶标板	美国 Fisher 公司
自动酶标仪	美国 Molecular Devices 公司

4.2.3 实验方法

4.2.3.1 番石榴叶活性成分提取

将新鲜的番石榴叶茶叶样品置于恒温烘箱烘烤 60 ℃，烘干 15 h，用小型磨粉机磨成粉末状。精确称取 1 g 番石榴叶粉末于 15 mL 离心管中，加入 10 mL 70% 甲醇混匀，置于超声仪 KQ-400KDE 中，320 W 超声提取 30 min 后，12, 000 g，离心 5 min，去除残渣，收集上层清液，即为番石榴叶活性组分提取液。

4.2.3.2 总 α - 葡萄糖苷酶抑制活性测定

α-葡萄糖苷酶抑制活性的测定根据以前文献报道的方法，稍有修改[211]。简而言之，首先用移液枪分别吸取 100 μL α-葡萄糖苷酶（1 U/mL）和 100 μL 样品稀释液（1，5，15，25，40，50 μg/ mL）于 2 mL 离心管中，置于水浴锅 37 ℃水浴孵育 10 min。用 100 μL 磷酸盐缓冲液（0.01mol/L，pH 6.8）代替样品稀释液作为空白对照，不同浓度的阳性药物代替样品稀释液作为阳性对照。在上述所有测试组与对照组中均加入 100 μL p- 对硝基苯基 -α-D- 吡喃葡萄糖苷溶液（5 mM），振荡混匀，置于 37 ℃水浴孵育 20 min。加入 500 μL 1 mol/L Na_2CO_3 溶液终止上述所有样品酶连反应。分别吸取 200 μL 测试组与对照组样品于 96- 孔板样品孔中，使用酶标仪记录其在 405 nm 下吸光度（A_{405}）。其中 IC_{50} 定义为抑制 50% α-葡萄糖苷酶酶活性所需的样品量。测试组与对照组中 α-葡萄糖苷酶抑制效率（GIP）的计算根据公式 1：

$$\alpha\text{-Glucosidase inhibitory potency (\%)} = \left[\frac{(A_1 - A_0) - (B_1 - B_0)}{A_1 - A_0}\right] \times 100 \quad \text{（公式 1）}$$

其中 A_1，A_0，B1 和 B_0 分别代表空白测试组（含 PBS 缓冲液和 α-葡萄糖苷酶），空白对照组（仅含缓冲液），样品测试组（含样品提取液，缓冲液和 α-葡萄糖苷酶），和样品对照组（含样品提取液和缓冲液）在 405 nm 下的吸光值。

4.2.3.3 最优生物亲和超滤离心条件

生物亲和超滤方法参照此前的研究报道，稍微修改[212, 213]。简要步骤如下：将番石榴叶提取液溶解于 5% 二甲亚砜溶液，α-葡萄糖苷酶溶解于 10 mM 磷酸盐缓冲液中（pH = 6.8），配制合适浓度的母液(2 mg/mL)。取100 μL上述配制的番石榴叶母液与200 μL不同浓度的 α-葡萄糖苷酶（1 U/mL，5 U/mL 与 10 U/mL）于 2 mL 离心管中，在 37 ℃下，反应 30 min。用灭活的 α-葡萄糖苷酶液（在沸水浴中煮 10 分钟）进行上述相同的工序作为空白对照。将上述反应混合液加入 0.5 mL 不同超滤膜孔径（10，30，50 kDa）超滤离心管中，在室温下，10 000 g，离心 10 min,分离未被 α-葡萄糖苷酶结合的活性组分。然后,用200 μL 10 mM磷酸盐缓冲液(pH 6.8）洗涤离心管 3 次，彻底清除未被 α-葡萄糖苷酶结合的分子。此时离心管中残留的即为番石榴叶活性分子（配体）与 α-葡萄糖苷酶（受体）特异性结合的复合体，向超滤离心管中加入 200 μL 70% 乙腈，孵育 10 min。然后，在室温下，10000 × g，离心 10 min，重复操作 2 次，收集滤液。用离心蒸发器装置将收集的滤液冷冻干燥成粉末。向其加入 100 μL 70% 乙腈重新溶解，用于 HPLC-ESI-TOF/MS 分析鉴定。

4.2.3.4 HPLC-ESI-TOF/MS

同第三章 3.2.3.2 节描述的方法。

4.2.3.5 主成分分析（PCA）

使用 MarkerLynx XS 软件对 HPLC-ESI-TOF/MS 获得的数据进行校正。参数设置为：峰基线噪声值为 2%；每秒峰宽值为 10% 高度，标记强度阈值计数为 100；噪声消除阈值为 5%。质谱检测容错值为 4.0×10^{-6}。然后，利用 IBS SPSS 16.0 统计软件对所得数据进行主成分分析。用主成分分析调查样品测试组（活性 α－葡萄糖苷酶）与空白对照组（灭活 α－葡萄糖苷酶）组学差异。

4.2.3.6 潜在的 α－葡萄糖苷酶抑制剂亲和力（AD）的计算

通过 4.2.3.3 节最优的生物亲和超滤条件结合高效液相质谱法，从番石榴叶提取液中筛分 α－葡萄糖苷酶抑制剂。根据测试样品与 α－葡萄糖苷酶孵育前后在 HPLC 色谱中峰面积的变化计算组分的亲和度。亲和度（AD）代表配体（样品中活性分子组分）与 α－葡萄糖苷酶（受体）的相互作用能力。亲和度值越大代表 α－葡萄糖苷酶抑制能力越强。亲和度（AD）的计算根据公式 2：

$$AD(\%)=\frac{A_1-A_2}{A_0}\times 100\% \qquad \text{（公式 2）}$$

其中 A_1 和 A_2 代表番石榴叶提取液各活性组分分别与活化的以及灭活的 α－葡萄糖苷酶孵育后在 HPLC 色谱中的峰面积；A_0 代表番石榴叶提取液各活性组分与等量的缓冲液混合后在 HPLC 色谱中的峰面积。

4.2.4 统计学分析

所有结果均表示为三个独立实验的平均值 ± 标准差（SD）。采用 IBM SPSS Version 17.0 软件包进行数据统计学分析。采用多重范围试验或独立样本 T 检验对数据进行显著性差异分析。其中，$p<0.05$ 代表样品具有显著性差异。

4.3 结果与讨论

4.3.1 番石榴叶提取液总 α－葡萄糖苷酶抑制作用

控制餐后血糖浓度是预防或治疗患者高血糖最有效的方法，而来自于天然产物提取液中的天然 α－葡萄糖苷酶抑制剂在降低患者餐后血糖浓度中扮演重要的角色。本章中，我们研究了番石榴叶提取液对 α－葡萄糖苷酶体外抑制能力，并且用糖尿病一线药物 α－葡萄糖苷酶抑制剂阿卡波糖作为阳性对照。结果如图 4–1A、B 所示，番石榴叶提取物对 α－葡萄糖苷酶的 IC_{50} 为 19.37 ± 0.21 μg/mL，明显高于阳性药物阿卡波糖（178.52 ± 1.37）μg/mL。结果证实，番石榴叶提取液中含有大量具有降血糖作用的天然 α－葡萄糖苷酶抑制分子。因此，迫切需要建立方法从番石榴叶提取液中快速筛选与识别高效的天然 α－葡萄糖苷酶抑制剂。

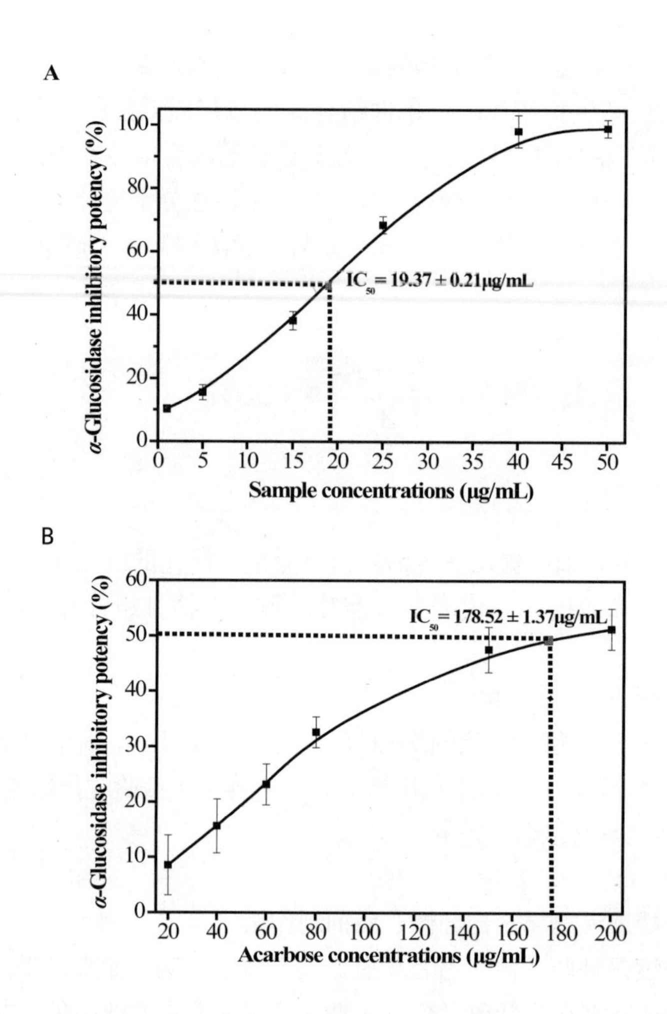

图 4-1 番石榴叶提取液（A）和阳性对照阿卡波糖（B）体外对 α-葡萄糖苷酶的半数抑制浓度（IC50）

4.3.2 最优生物亲和超滤离心条件

研究表明，α-葡萄糖苷酶抑制剂能够竞争性抑制位于人体内小肠的各种 α-葡萄糖苷酶，使多糖（淀粉类）分解为葡萄糖的速度减慢，从而减缓肠道内葡萄糖的吸收，降低餐后高血糖。而天然产物中不同化合物对 α-葡萄糖苷酶抑制能力差异是由于其对酶的亲和能力差异造成。本文选择 α-葡萄糖苷酶作为药物靶标（受体），用番石榴叶提取物中潜在的生物活性分子作为配体。通过 α-葡萄糖苷酶与配体的相互作用形成受体-配体复合物后，离心超滤分离出配体。图 4-2 表示 BAUF-HPLC-ESI-TOF/MS 方法的原理流程图。

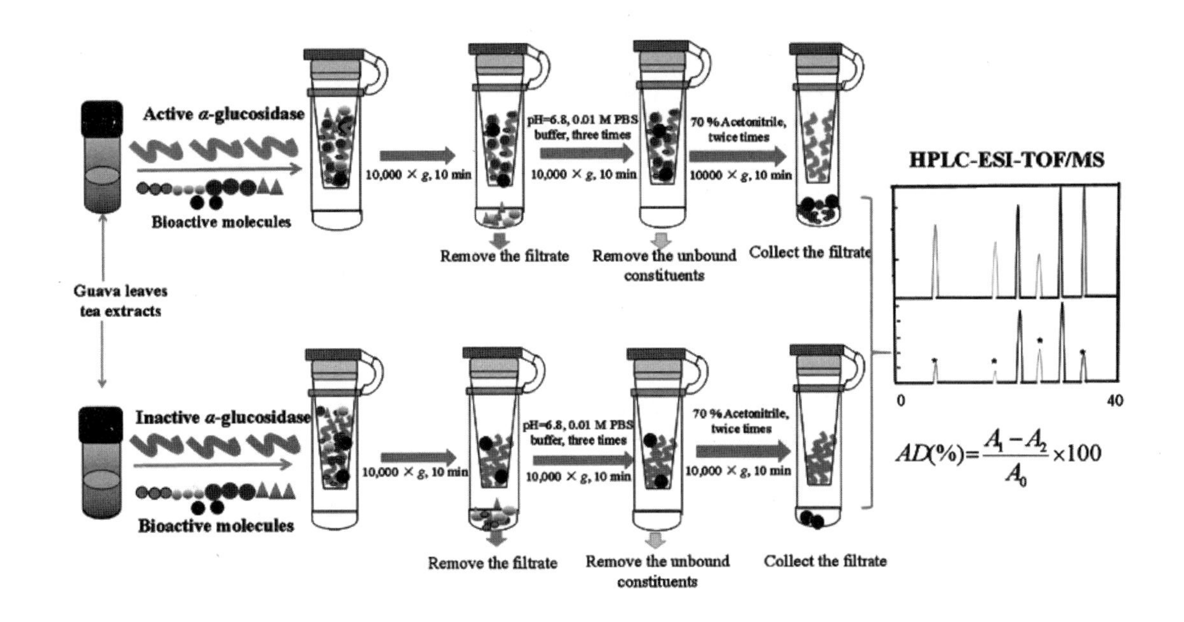

图 4-2 BAUF-HPLC-ESI-TOF/MS 法筛选番石榴叶提取液中潜在 α-葡萄糖苷酶抑制剂的示意图

PCA 分析是为了探讨番石榴叶活性分子与 α-葡萄糖苷酶反应前后组学的差异。为了确定最佳的亲和超滤条件，我们分别研究了亲和超滤过程中受体 α-葡萄糖苷酶浓度与超滤膜孔径大小的影响。图 4-3A 显示了 α-葡萄糖苷酶浓度对体系反应前后组学的的影响。结果表明，番石榴叶活性分子与活化 α-葡萄糖苷酶孵育反应后，随着酶浓度的增加，实验组与空白组（α-葡萄糖苷酶灭活组）中受体-配体亲和能力差异更加明显。PCA 得分图中实验组和空白组的分离程度（PCA 得分图上距离）与其 α-葡萄糖苷酶抑制能力相对应。结果表明，当 α-葡萄糖苷酶为 10 U/mL 时，实验样品组和空白样品组分离程度最大。因此，α-葡萄糖苷酶的最佳浓度定为 10 U/mL，用于下一步鉴别实验。超滤膜孔径大小是影响生物亲和超滤实验过程中 α-葡萄糖苷酶-配体分离的重要因素之一。图 4-3B 显示了超滤膜孔径大小对实验样品组与空白组组学的影响。结果表明，30 kDa 孔径超滤膜对样品组与空白组分离效果更好。Ma 等人利用代谢组学方法筛选潜在的 α-淀粉酶抑制剂的报告中指出，在 α-淀粉酶与活性分子孵育过程中，膜过滤器中存在着两种不同类型的复合体（活性大分子自组装复合体和 α-淀粉酶抑制剂-配体复合体）[213]。结果得出 10 kDa 孔径过滤器均不适合分离这两类复合体。在当前工作中，α-葡萄糖苷酶抑制剂-配体复合体主要被 30 kDa 孔径滤器截留为主，而 50 kDa 孔径滤器截留分子中 α-葡萄糖苷酶抑制剂-配体复合体的保留能力较弱。因此，本章采用 30 kDa 孔径滤器来截留 α-葡萄糖苷酶抑制剂-配体复合物。综上所述，10 U/mL α-葡萄糖苷酶浓度和 30 kDa 孔径膜滤器被选择作为番石榴叶体外降血糖活性成分快速鉴别的最佳生物亲和超滤条件。

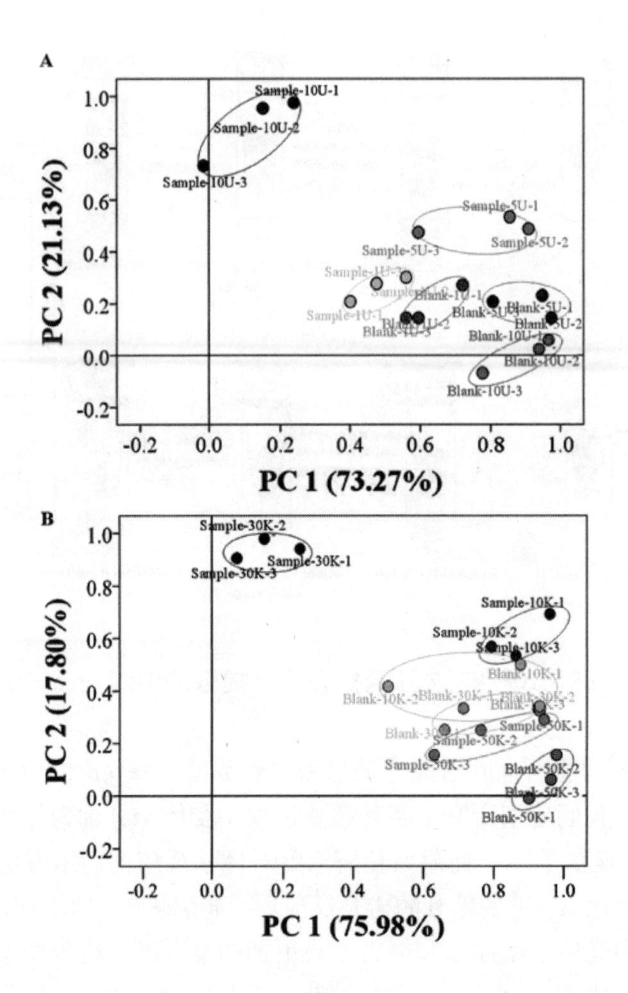

图 4-3　α-葡萄糖苷酶浓度与滤膜孔径大小对样品提取液活性分子与 α-葡萄糖苷酶反应前后超滤离心 PCA 得分图分布影响

4.3.3 番石榴叶多酚组分体外降血糖活性成分快速鉴别

番石榴叶提取液活性分子与 10 U/mL α-葡萄糖苷酶浓度孵育后，通过最优生物亲和超滤离心后，用 70% 乙腈溶液释放超滤膜上与 α-葡萄糖苷酶结合的配体，获得含有配体的滤液进行 HPLC-ESI-TOF/MS 结构分析。结果如图 4-4 所示，番石榴叶中存在 12 种生物活性分子对 α-葡萄糖苷酶有较强的生物亲和能力。这表明番石榴叶中有 12 种成分能够与 α-葡萄糖苷酶能够特异性结合，进而达到竞争性抑制 α-葡萄糖苷酶。因此，它们被认为是番石榴叶中潜在 α-葡萄糖苷酶抑制剂。值得注意的是，这是首次通过构建亲和超滤离心结合 HPLC-ESI-TOF/MS 方法快速鉴别番石榴叶中潜在的降血糖活性组分。

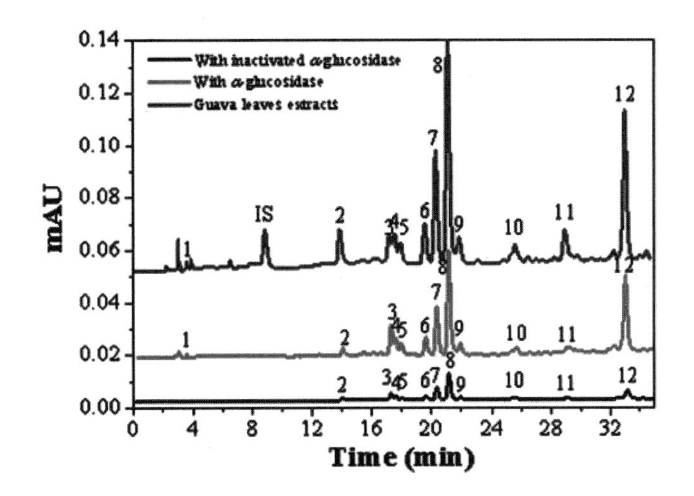

图 4-4 超滤离心后获得的番石榴叶提取液活性组分 HPLC 色谱图（280 nm）。蓝线代表番石榴叶提取物的 HPLC 色谱。红线和黑线分别代表番石榴叶提取液与有活性的和失活的 α-葡萄糖苷酶孵育反应，超滤离心后的 HPLC 色谱。IS，实验对照品（p-羟基肉桂酸）

根据实验组与对照组 HPLC 色谱图中各活性分子峰面积的变化，计算出 12 种潜在 α-葡萄糖苷酶抑制剂的亲和度（AD）。结果如表 4-3 所示，化合物 12 具有最大的亲和度（18.86 ± 0.28%），接着依次是化合物 3（8.54 ± 0.15%），8（7.47 ± 0.09%），7（6.56 ± 0.13%），4（5.32 ± 0.02%），6（5.18 ± 0.08%），5（4.96 ± 0.11%），2（4.75 ± 0.14%），10（3.93 ± 0.07%），11（3.15 ± 0.02%），9（2.31 ± 0.11%）以及 1（1.07 ± 0.03%）。由于内标 p-羟基肉桂酸对 α-葡萄糖苷酶没有抑制作用，其对 α-葡萄糖苷酶基本没有亲和能力，结果与预期相符。而且筛选出来的活性分子与 α-葡萄糖苷酶亲和能力存在非常明显的差异。从理论上讲，番石榴叶生物活性组分对 α-葡萄糖苷酶亲和度的差异可能是由于其与 α-葡萄糖苷酶竞争抑制能力不同而造成。

4.3.4 番石榴叶多酚组分体外降血糖活性成分鉴定

表 4-3 列出了各化合物在 HPLC 色谱中的保留时间以及相应的 MS/MS 数据。如图 4-4 所示，根据化合物 1 的特征性紫外/可见吸收光谱（215 nm 和 270 nm）和其亲本离子碎片 m/z171.1221 [M+H]+，其被鉴定为没食子酸。化合物 2 的亲本离子 m/z 291.3121，其被鉴定为 L-表儿茶素。由于化合物 3 的亲本离子为 m/z 579.1520，其产生两个离子碎片 m/z 462.3567 $[M-C_{15}H_{10}O_7]^+$ 与 m/z 303.0512 $[C_{15}H_{10}O_7+H]^+$，其被确定为原花青素 B3。化合物 4 和 5 是两个同分异构体，其亲本离子为 m/z 465.3610 [M+H]+，产生两个离子碎片 m/z 303.0501 $[C_{15}H_{10}O_7+H]^+$ 与 m/z 163.1221 $[M-C_{15}H_{10}O_7]^+$。通过对照标准品保留时间，化合物 4 和 5 分别被鉴定为广生寄苷和异槲皮苷。化合物 6，7 与 8 具有相同的亲本离子 m/z 435.0901，产生两个离子碎片 m/z 303.0501 $[C_{15}H_{10}O_7+H]^+$ 与 m/z 133.2510 $[M-C_{15}H_{10}O_7+H]^+$，这是由于槲皮素苷元连接不同的糖苷键而形成的三个同分异构体，通过对照标准品，这三个化合物依次被鉴定为槲皮素-3-O-β-D-木吡喃糖苷、槲皮素-3-O-α-L-阿拉伯吡喃糖苷和扁蓄苷。由于化合物9亲本离子m/z 449.0984 $[C_{21}H_{20}O_{11}+H]^+$ 与其产生的主要离子碎片m/z 303.0501 $[C_{15}H_{10}O_7+H]^+$，可以被鉴定为槲皮苷。根据亲本离子m/z 419.0984与其产生的主要离子碎片287.0563 $[C_{15}H_{10}O_6+H]^+$，化合物10可以被鉴定为山奈酚-3-阿拉伯呋喃糖苷。根据化合物11的紫外/可见吸收光谱（210 nm，284 nm和355 nm）和其亲本离子m/z 573.1625，可以判断其为一种黄酮类化合物。化合物12产生的主要离子碎片为m/z 303.0501 $[M+H]^+$，很明显其为槲皮素。

表4-3 番石榴叶潜在的α-葡萄糖苷酶抑制剂HPLC-ESI-TOF/MS鉴定以及它们的亲和度。"ND"，未鉴定的化合物；SD，标准误差；AD，亲和度

Peak No.	Retention time (min)	λ_{max} (nm)	Molecular ion (m/z)	MS (m/z)	Mw	Formula	Compounds	Affinity degree (AD, ± SD %)	Reference
1	3.73	215, 270	169.2101 $[M+H]^+$	171.1221	170	$C_7H_6O_5$	Gallic acid	1.07 ± 0.03	Standard
2	14.05	256, 280	291.0876 $[M+H]^+$	291.0876	290	$C_{15}H_{14}O_6$	L-epicatechin	4.75 ± 0.14	Standard
3	17.31	254, 354	579.1520 $[M+H]^+$	579.1520, 462.3567, 301.0512	578	$C_{30}H_{26}O_{12}$	Procyanidin B3	8.54 ± 0.15	Standard
4	17.89	256, 351	465.3610 $[M+H]^+$	303.0501, 163.1221	465	$C_{21}H_{20}O_{12}$	Hyperoside	5.32 ± 0.02	Standard
5	18.09	256, 351	465.3610 $[M+H]^+$	303.0501, 163.1221	465	$C_{21}H_{20}O_{12}$	Isoquercitrin	4.96 ± 0.11	Standard
6	19.78	254, 359	435.0901 $[M+H]^+$	303.0490, 133,1412	434	$C_{20}H_{18}O_{11}$	Quercetin-3-O-β-D-xylopyranoside	5.18 ± 0.08	Standard
7	20.41	254, 356	435.0930 $[M+H]^+$	303.0509, 133.2510	434	$C_{20}H_{18}O_{11}$	Quercetin-3-O-α-L-arabinopyranoside	6.56 ± 0.13	Standard
8	21.29	253, 357	435.0940 $[M+H]^+$	303.0511, 133.1526	434	$C_{20}H_{18}O_{11}$	Avicularin	7.47 ± 0.09	Standard
9	22.05	262, 391	449.1194 $[M+H]^+$	449.1194, 303.0510, 146.1037	449	$C_{21}H_{20}O_{11}$	Quercitrin	2.31 ± 0.11	Standard
10	25.76	257, 363	419.0984 $[M+H]^+$	419.0984, 287.0563, 133.2036	418	$C_{20}H_{18}O_{10}$	Kaempferol-3-arabofuranoside	3.93 ± 0.07	Standard
11	29.17	210, 284, 355	573.1624 $[M+H]^+$	573.1624, 315.0721, 259.0975	572	$C_{28}H_{28}O_{13}$	-	3.15 ± 0.02	unknown
12	32.78	254, 364	303.0516 $[M+H]^+$	303.0516	302	$C_{15}H_{10}O_7$	Quercetin	18.86 ± 0.28	Standard、

4.3.5 番石榴叶多酚组分降血糖活性分子与 α－葡萄糖苷酶构效关系分析

多酚类和黄酮类化合物是植物基质的次级代谢产物。研究表明它们具有许多药理作用，如抗糖尿病、抗氧化、抗炎和抗癌活性等。在很大程度上，它们化合物结构多样性决定了其生物活性的差异。从番石榴叶中筛选的主要 α－葡萄糖苷酶抑制剂的化学结构式如图 4–5 所示。表 4–1 表明槲皮素亲和度为 18.86%，原花青素 B3 与扁蓄苷亲和度分别为 8.56% 和 7.47%，这三个化合物对 α－葡萄糖苷酶的亲和力明显高于其它化合物。为了验证筛选方法是否可靠，我们对筛选出来的化合物单体进行 α－葡萄糖苷酶抑制能力实验。结果如图 4–6 所示，每种化合物对 α－葡萄糖苷酶抑制能力分别用 IC_{50} 值表示，IC_{50} 值越低代表 α－葡萄糖苷酶抑制能力越强。各种化合物的 IC_{50} 值分别为：槲皮素 [IC_{50} =（4.51 ± 0.71）μg/mL]，L- 表儿茶素 [IC_{50} =（45.56 ± 0.11）μg/mL]，原花青素 B3[IC_{50} =（28.67 ± 5.81）μg/mL]，金丝桃苷 [IC_{50} =（55.31 ± 4.17）μg/mL]，异槲皮苷 [IC_{50} =（42.94 ± 3.11）μg/mL]，槲皮素 -3-O-α-L- 阿拉伯糖苷 [IC_{50} =（41.81 ± 5.12）μg/mL]，槲皮素 -3-O-β-D- 木吡喃糖苷 [IC_{50} =（44.78 ± 2.62）μg/mL]，扁蓄苷 [IC_{50} =（21.84 ± 3.82）μg/mL]，槲皮苷 [IC_{50} =（43.27 ± 2.17）μg/mL]，山奈酚 -3-O- 阿拉伯糖苷 [IC_{50} =（58.19 ± 3.32）μg/mL]，没食子酸 [IC_{50} =（348.63 ± 2.93）μg/mL]。结果也证实槲皮素与原花青素 B3 对 α－葡萄糖苷酶的抑制作用最强。相比之下，没食子酸对 α－葡萄糖苷酶的抑制作用最低。这一结果进一步验证了所构建的鉴别方法具有很好的可靠性。

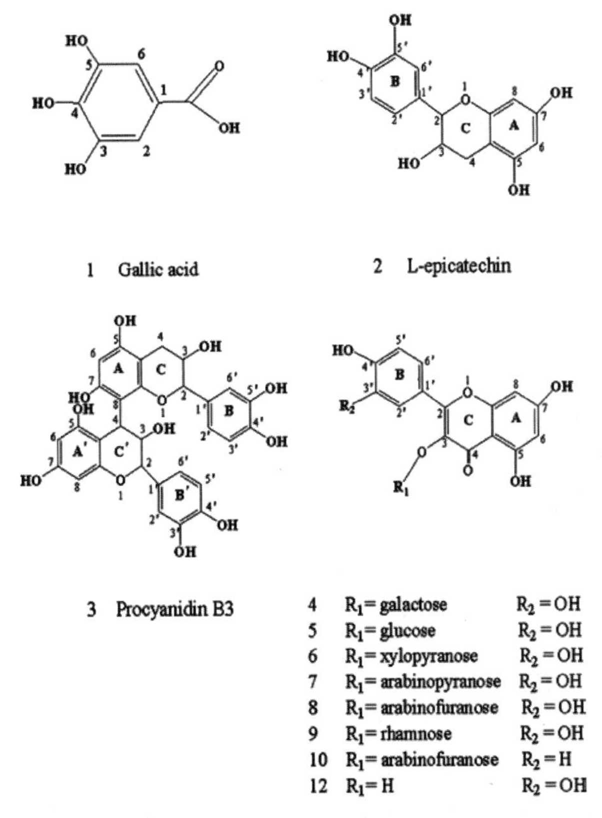

图 4–5 番石榴叶提取液中筛选的潜在 α－葡萄糖苷酶抑制剂的化学结构式

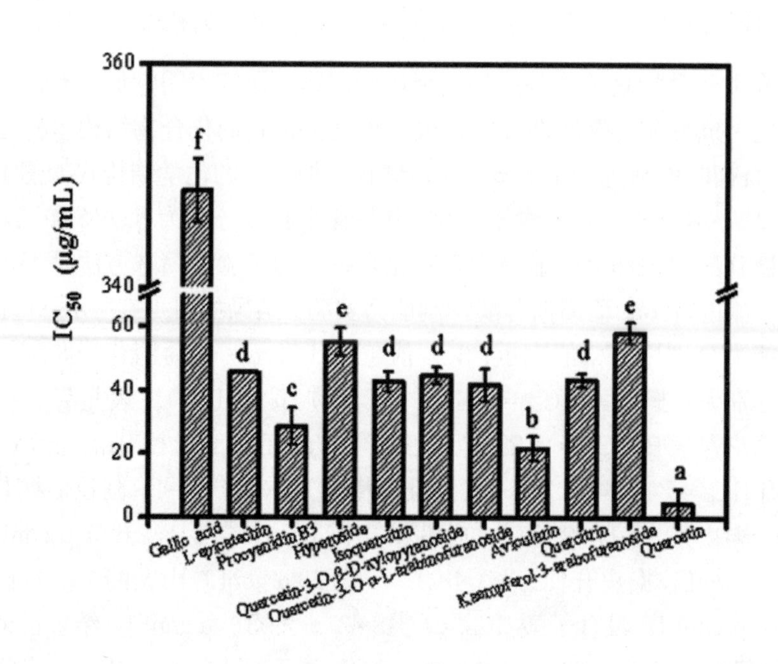

图 4-6 番石榴叶提取液中筛选的潜在 α－葡萄糖苷酶抑制剂的最大半抑制浓度。不同字母代表显著性差异（$p < 0.05$）

研究报道表明，多酚类以及黄酮类化合物与 α－葡萄糖苷酶抑制能力构效关系涉及以下特征：（1）黄酮类化合物羟基化将增强其对 α－葡萄糖的抑作用；（2）黄酮类化合物糖基化将降低其抑制作用；（3）原花青素类化合物对 α－葡萄糖苷酶有较强的抑制作用。在本章中，由于槲皮素结构中含有大量的羟基，特别是 B 环中 3’和 4’羟基群与 C 环的 3-OH 结构，能明显提高其对 α－葡萄糖苷酶抑制活性。Wang 等人还证实，槲皮素分子结构中 C 环的 3-OH 糖基化将显著降低其对 α－葡萄糖苷酶的抑制活性。由于槲皮素糖苷的 3- 羟基结构被不同的糖苷键所取代，造成槲皮素糖苷对 α－葡萄糖苷酶抑制活性明显低于槲皮素 [214]。与其他天然多酚结构不同，原花青素 B3 是由儿茶素组成的聚合体。Hakamata 等人报告，原花青素异构体对碳水化合物水解酶官能团具有较强的抑制作用，可用于降血糖药物的开发 [215]。然而，没食子酸对 α－葡萄糖苷酶的亲和力最低，这与 Xiao 等人的报道的结果一致。这可能是由于其化合物结构中的 OH 基团的数量和结构造成的 [216, 217]。因此，槲皮素和原花青素 B3 是番石榴叶多酚组分中核心降血糖功效成分。总之，构效关系分析结果表明黄酮类化合物羟基化有助于提高其对 α－葡萄糖苷酶的抑制活性，而黄酮类化合物羟基基团糖基化将降低其抑制作用。因此，BAUF-HPLC-ESI-TOF/MS 方法可以作为一种有价值的高通量筛选平台用于从复杂药用植物提取物中快速筛选天然 α－葡萄糖苷酶抑制剂。

4.4 本章小结

在民间，番石榴叶水提取或者煎煮物被用来治疗糖尿病已经有很长的药用历史。许多药理学实验也证实番石榴叶具有较强的体内外降血糖活性。然而对于其何种成分是番石榴叶核心降糖成分并不清楚。本研究成功地建立了一种新的鉴别方法快速筛选番石榴叶中潜在的特征性降血糖活性分子，也明确了下一步实验中定向转化的目标物。主要结论如下：

（1）番石榴叶提取液对 α－葡萄糖苷酶的抑制作用 [IC_{50} =（19.37 ± 0.21）μg/mL] 明显强于阳性药物阿卡波糖 [IC_{50} =（178.52 ± 1.37）μg/mL]，说明番石榴叶茶提取液具有较强的体外降血糖活性。

（2）本章首次建立了亲和超滤离心 -HPLC-TOF/MS（UF-HPLC-TOF/MS）法，对番石榴叶中潜在的 α－葡萄糖苷酶抑制剂进行鉴别。并调查了最佳亲和超滤离心筛选的条件：10 U/mL α－葡萄糖苷酶浓度和 30 kDa 孔径膜滤器。

（3）从番石榴叶提取液中筛选并鉴定了 12 种与 α－葡萄糖苷酶有较强亲和作用的活性分子，其中槲皮素（AD = 18.86%）与原花青素 B3（AD = 8.54%）对 α－葡萄糖苷酶亲和能力最强。并验证了槲皮素 [IC_{50} =（4.51 ± 0.71）μg/mL]、扁蓄苷 [IC_{50} =（21.84 ± 3.82）μg/mL] 和原花青素 B3[IC_{50} =（28.67 ± 5.81）μg/mL] 是番石榴叶核心降血糖活性分子。

（4）活性分子构效关系揭示了天然产物中多酚以及黄酮化合物羟基数量以及位置明显影响其对 α－葡萄糖苷酶的抑制活性；黄酮化合物羟基化作用可提高其对 α－葡萄糖苷酶的抑制作用；而糖基化作用将降低其对 α－葡萄糖苷酶的抑制作用；原花青素类化合物对 α－葡萄糖苷酶有较强的抑制作用。

综上所述，BAUF-HPLC-TOF/MS 法可作为高通量筛选平台用于从药用植物复杂提取液中快速初筛天然 α－葡萄糖苷酶抑制剂（潜在降血糖活性分子）。

第五章 发酵番石榴叶黄酮组分的变化趋势

5.1 引言

黄酮类化合物在天然产物中具有多种药理活性，例如抗氧化、降血糖、抗病毒以及抗炎症作用[218-225]。第二章通过对不同来源番石榴叶黄酮活性组分建立了特征性指纹图谱，结合中药相似性评估软件对其不同地区番石榴叶原料质量进行评控与谱效关系分析。然而研究表明，同一地区，收集季节差异与发酵加工条件对天然产物质量与功效也有重要的影响。虽然微生物发酵能够明显提高中草药生物活性，然而对于其发酵后产品质量稳定性与一致性却没有研究[226-230]。而中草药质量一致性对于中草药现代化或者药效稳定性有着非常重要的影响。根据天然产物药效调查结果，任何单一的活性化学成分或指标成分都难以评价天然产物与药材质量优劣，而中药指纹图谱分析就是利用现代先进的分析仪器测试与多种分析手段得到反映药材的整体性、特征性、稳定性与规范化图谱，以便准确鉴别不同天然产物本身的真伪和质量优劣。当前，这一技术已被被广泛地应用于中草药 / 茶叶真伪鉴别以及食品加工过程中造成质量差异性监控[231-236]。然而，目前还没有报告研究发酵加工对番石榴叶活性组分指纹图谱影响以及质量一致性评估。因此，有必要建立一种简单的、快速的方法整体评估发酵番石榴叶质量一致性，为其发酵茶产品质量与药效稳定性监控提供参考。

本章采用食品级微生物对不同季节收集的番石榴叶样品进行发酵，构建了发酵加工前后番石榴叶黄酮特征性图谱（UV 图谱以及 HPLC 图谱），结合相似性评价方法和主成分分析以及黄酮组分定量分析，对发酵加工前后番石榴叶的质量一致性进行评估。

5.2 材料与方法

5.2.1 菌株与培养基

本实验室购买的一株产酯型酿酒酵母 Saccharomyces cerevisiae GIM 2.139，保存于广东省微生物菌种保藏中心（GDMCC/GIMCC）。

本实验室分离并保存的一株色素高产菌 Monascus anka GIM 3.592，保存于广东省微生物菌种保藏中心（GDMCC/GIMCC）。

红曲种子培养基：葡萄糖 20 g/L，酵母膏 3 g/L，蛋白胨 10 g/L，KH2PO4 g/L，KCl 0.5 g/L，FeSO4・7H2O 0.01 g/L。

酵母种子培养基：蛋白胨 20 g/L，葡萄糖 20 g/L，NaCl 10 g/L，pH 7.2~7.4。

固态发酵培养基：15% 大米粉粉末，25% 干番石榴叶，pH 自然。

5.2.2 实验原料

所有的番石榴叶样品均收集于广东省江门市南粤番石榴茶合作社，其样品收集时间以及编号如表 5-1 所示。

表 5-1 所有番石榴叶样品来源

Sample No.	Substrates	Batch No.
CK1	Original Guava leaves	20140320
CK2	Original Guava leaves	20140921
CK3	Original Guava leaves	20150320
CK4	Original Guava leaves	20150823
CK5	Original Guava leaves	20151221
Y1	Fermented Guava leaves	20140320
Y2	Fermented Guava leaves	20140921
Y3	Fermented Guava leaves	20150320
Y4	Fermented Guava leaves	20150823
Y5	Fermented Guava leaves	20151221
M1	Fermented Guava leaves	20140320
M2	Fermented Guava leaves	20140921
M3	Fermented Guava leaves	20150320
M4	Fermented Guava leaves	20150823
M5	Fermented Guava leaves	20151221
S1	Fermented Guava leaves	20140320
S2	Fermented Guava leaves	20140921
S3	Fermented Guava leaves	20150320
S4	Fermented Guava leaves	20150823
S5	Fermented Guava leaves	20151221

CK1-CK5，样品收集于不同季节；Y1-Y5，不同季节样品经酵母发酵；M1-M5，不同季节收集样品经红曲菌发酵；S1-S5，不同季节收集样品经红曲与酵母菌共发酵

5.2.3 实验试剂

本章所使用的主要实验材料与试剂如表 5-2 所示。

表 5-2 实验材料与试剂

材料与试剂	规格 / 型号	生产产家
福林酚试剂	AR	美国 Sigma 公司
芦丁	HPLC	美国 Sigma 公司
异槲皮苷	HPLC	美国 Sigma 公司
扁蓄苷	HPLC	美国 Sigma 公司
槲皮素	HPLC	美国 Sigma 公司
山奈酚	HPLC	美国 Unico
丙酮	AR	美国 Fisher Scientific 公司
乙酸乙酯	HPLC	美国 Fisher Scientific 公司
乙腈	HPLC	美国 Fisher Scientific 公司
乙醇	HPLC	美国 Fisher Scientific 公司
甲醇	HPLC	美国 Fisher Scientific 公司

5.2.4 实验仪器

本章所使用的主要实验仪器如表 5-3 所示。

表 5-3 主要实验仪器

仪器及型号	品牌或生产商
电子分析天平 TE612-L	德国 Sartorius 公司
超声仪 KQ-400KDE	昆山市超声仪器有限公司
高效液相色谱系统	美国 Waters 2695
HPLC 二极管阵列检测器（PDA）	美国 Waters 2998
液相色谱（HP1100）质谱（microTOF-QII）联用仪	美国 Angilent/ 德国 Bruker
紫外 / 可见分光光度计 2802S	日本 Shimadzu 公司
恒温水浴锅	天津奥特赛恩斯仪器有限公司
酶标板	美国 Fisher 公司
自动酶标仪	美国 Molecular Devices 公司
洁净工作台 SW-CJ-1F	中国苏州净化工作台
全自动高压灭菌锅 SP510	日本 Yamato

5.2.5 实验方法

5.2.5.1 固态发酵

将新鲜的红曲菌种（Monascus anka）接种于 PDA 平板上，30 ℃培养 7 d。用 0.1% Tween 80 水溶液洗下 PDA 平板上的红曲孢子，然后将浓度约 3×10^6 个红曲孢子接种于装有 50 mL 种子培养基的 250 mL 摇瓶中，30 ℃，180 r/min 摇床培养 27 h。取一环新鲜的酵母接种于装有 50 mL YPD 培养基的 250 mL 摇瓶中，30 ℃，180 r/min 摇床培养 20 h。使用前将固态发酵基质 250 mL 摇瓶在 121 ℃蒸汽灭菌 15 min。将 5 mL 酵母种子培养液（1×10^6/mL）和 10 mL 红曲霉菌种子培养物（1×10^6 个孢子 /mL）分别接种于固态发酵基质中，将接入的种子培养物与固态基质在 250 mL 摇瓶中充分混匀，置于恒温培养箱中，30 ℃，维持相对湿度 65%，培养 12 天。用无菌水代替发酵菌液作为对照组，菌液总体积不足 15 mL 的用无菌水补足。其中，在发酵第 4 天和第 7 d 翻转固态基质释放微生物生长产生的热量。所有实验均独立进行三次重复。

5.2.5.2 黄酮组分提取与 HPLC-ESI-TOF/MS 分析

黄酮提取方法同第二章 2.2.3.1 节。

黄酮组分 HPLC/MS 分析条件：流动相 A 相为 0.4% 磷酸溶液，B 相为甲醇 − 乙腈混合液（8：3）；洗脱程序为 0 ~ 32 min，73% A；32 ~ 60 min，73 ~ 27.3% A；60 ~ 75 min，27.3 ~ 73% A；75 ~ 80 min，73% A；流速为 0.8 mL/min；进样体积为 10 μL；色谱柱 Agilent Zorbax Eclipse C18（250 × 4.6 mm，5 μm，Agilent，USA）；柱温 30 ℃；检测波长全波长扫描 200 ~ 600 nm。LC/MS 采用正离子检测模式，记录滞留时间为 500 ms 在 m/z 100−1000 的离子丰度。其他质谱操作条件如下：流速为 6.0 L/min 的干燥气体（N_2）；4 kV 电喷雾电压；汽化器温度和电压分别为 350 ℃和 ± 40 V。

5.2.5.3 HPLC 方法验证

番石榴叶样品中 5 种主要黄酮化合物精密性、稳定性、重复性以及回收率测定方法同 2.2.3.2

节。

5.2.5.4 紫外指纹图谱建立

以 70%（v/v）乙醇为空白，用紫外 - 可见光谱法对 20 批不同番石榴叶样品中黄酮类提取液进行全波长扫描，扫描波长为 250~500 nm（扫描一次间隔 1.0 nm）。

5.2.5.5 黄酮定量分析

番石榴叶黄酮组分定量分析参考 2.2.3.4 节。

5.2.6 统计学分析

采用中药色谱指纹图谱相似性评价系统（SESCF，2012A 版，国家食品药品监督管理局颁布）分析建立的样品黄酮指纹图谱。采用 IBM SPSS 统计软件对所有样品黄酮化合物指纹图谱标准化后数据进行聚群分析（HCA）以及主成分分析（PCA）。

5.3 结果与讨论

5.3.1 黄酮提取条件以及 HPLC 色谱条件

为了找到番石榴叶黄酮最佳提取条件，我们研究了不同溶剂对样品黄酮组分提取效率的影响。结果表明，与乙酸乙酯以及丙酮溶剂相比，70%（v/v）乙醇或甲醇溶液对番石榴叶黄酮组分有更好的提取效率。考虑到经济与环保方面的因素，我们选择 70%（v/v）乙醇溶液作为番石榴叶黄酮组分的最佳提取溶剂。

我们也对番石榴叶黄酮组分 HPLC 分离的最佳条件进行了调查：流动相组成与扫描波长。采用 Agilent Zorbax C18 柱，超纯水为流动相 A，甲醇 - 乙腈（8 ：3）混合液为流动相 B 进行番石榴叶黄酮类化合物的分离，发现其分离效果明显好于甲醇 - 水或乙腈 - 水混合物。此外，在流动相 A 中加入 1% 醋酸溶液作为酸化剂，能提高了分离化合物的峰形。UV-Vis 扫描光谱结果表明，黄酮类化合物的紫外吸收波长范围为 250~352 nm。然而，在更短的波长下（250 nm 附近），其他不相关的化学物质的吸光度变得更强，这对黄酮类化合物的检测以及后面建立黄酮化合物图谱有较大的影响。因此，本章用于黄酮化合物检测波长定为 352 nm。

5.3.2 发酵番石榴叶黄酮组分鉴定

通过 HPLC-TOF-ESI/MS 法对发酵番石榴叶黄酮组分进行分离与鉴定（表 5-4）。根据峰 1 的光谱中两个特别的最大吸收峰（256 nm 与 351 nm）与其产生的离子碎片 m/z 303.0492 以及 540.9962，峰 1 可能是一种黄酮化合物（槲皮素衍生物）。因为碎片 m/z $[C_{15}H_{10}O_7+H]^+$ 303.0492 是槲皮素衍生物离子化后形成的槲皮素碎片。根据亲本离子 m/z [M+H]+ 611.4210，其产生两个离子碎片 m/z [M-gla]+ 465.1081 与 m/z $[C_{15}H_{10}O_7+H]^+$ 303.0500，而且根据质谱软件计算其化学式为 $C_{27}H_{30}O_{16}$，峰 2 可以鉴定为芦丁。结合标准黄酮化合物在色谱中保留时间，UV-vis 光谱特征以及质谱结果，峰 3、6、7、10 和 11 分别被鉴定为异槲皮苷、扁蓄苷、槲皮苷、槲皮素和山奈酚。而峰 4 和峰 5 分别为槲皮素 -3-O-α-L- 阿拉伯糖苷和槲皮素 -3-O-β-D- 吡喃木糖苷。此外，根据其亲本离子 m/z 435.0927，峰 4、5 和 6 是三个异构体。而峰 8 与 9 可以鉴定为山奈酚糖苷类化合物。根据现有条件，无法鉴定峰 12，但是其具有黄酮 UV-vis 光谱特征。因此，可以推断峰 12 也是一种黄酮化合物。

表 5-4 番石榴叶黄酮组分 HPLC-ESI-TOF/MS

Peak	Retention time (min)	λ_{max} (nm)	Molecular ion (m/z)	MS^2 (m/z)	Mw	Compounds	Formula	Error (ppm)
1	19.05	257, 351	540.9920 $[M+H]^+$	(Parent ion:540.9920) 303.0502	539	Quercetin glyoside 1	$C_{16}H_{12}0_{21}$	-2.97
2	24.37	256, 354	611.4210 $[M+H]^+$	(Parent ion:611.4) 465.1031, 303.0501, 309.1101	610	Rutin	$C_{27}H_{30}0_{16}$	-2.13
3	26.82	254, 360	465.3610 $[M+H]^+$	(Parent ion:465.3610) 303.0501, 163.1221	464	Isoquercitrin	$C_{21}H_{20}0_{12}$	-0.13
4	30.05	256, 356	435.0901 $[M+H]^+$	(Parent ion:435.0901) 303.0491	434	Quercetin-3-O-α-L-arabinofuranoside	$C_{20}H_{18}0_{11}$	1.23
5	33.13	257, 356	435.0930 $[M+H]^+$	(Parent ion:435.0930) 303.0509	434	Quercetin-3-O-β-D-xylopyranoside	$C_{20}H_{18}0_{11}$	0.29
6	38.85	257, 353	435.0940 $[M+H]^+$	(Parent ion:435.0940) 303.0512	434	Avicularin	$C_{20}H_{18}0_{11}$	-2.5
7	40.46	256, 351	449.1098 $[M+H]^+$	(Parent ion:449.1098) 303.0512, 147.1231	448	Quercitrin	$C_{21}H_{20}0_{11}$	-0.07
8	44.20	254, 359	587.1032 $[M-H]^-$	(Parent ion:587.1032) 285.0608	588	Kaempferol-3-arabofuranoside	$C_{27}H_{23}0_{15}$	-3.9
9	45.90	254, 356	537.8801 $[M+H]^+$	(Parent ion:537.8801) 287.0561	536	Unknown	Unknown	-5.7
10	49.40	254, 371	303.0516 $[M+H]^+$	(Parent ion:303.0516) 303.0516	302	Quercetin	$C_{15}H_{10}0_7$	-2.3
11	54.18	256, 359	287.0552 $[M+H]^+$	(Parent ion:287.0552) 287.0552	286	Kaempfcrol	$C_{15}H_{10}0_6$	-3.2
12	63.67	263, 382	537.8823 $[M+H]^+$	(Parent ion:537.8823) 287.0552	536	Unknown	Unknown	-4.9

5.3.3 HPLC 测定方法的验证

表 5-5 表明了五种标准黄酮的线性回归方程与线性范围。结果证实，各种化合物均具有较好的线性关系（$R_2 \geq 0.99$），其 LOD 和 LOQ 也分别低于 0.04 mg/L 和 0.05 mg/L。其保留时间和峰面积的相对标准误差值 0.09% ~ 0.41% 和 0.85% ~ 2.13 % 之间，表明该 HPLC 分析方法具有较高的灵敏度。

表 5-5 五种主要黄酮组分在 HPLC 测试线性范围、回归曲线、R2、LOD 以及 LOQ 分析

Compounds	Regression equation	R^2	LOD (mg/L)	LOQ (mg/L)	Linear range (mg/L)
Rutin	Y=14414210X−63919	0.9993	0.032	0.043	6–150
Isoquercitrin	Y=14548210X−96826	0.9987	0.039	0.054	6–150
Avicularin	Y=19133940X−66452	0.9996	0.030	0.052	6–150
quercetin	Y=33062990X−214178	0.9939	0.019	0.031	6–150
kaempferol	Y=36115410X−868403	0.9993	0.005	0.008	2–300

X 代表峰面积；Y 代表各化合物标准浓度

在不同储存时间点测定，样品中五种主要黄酮组分在液相中保留时间和峰面积的最大相对标准偏差分别为 0.53% 和 2.23%，证实了该样品组分在两天内稳定性较好；而 4 次重复测定五

种主要组分保留时间和峰面积的最大相对标准偏差分别小于 0.39% 和 2.35%，证实了所有样品测试重复性较好；五种主要黄酮化合物的平均回收率在 97.48% ~ 101.01% 之间，其相对标准偏差值均低于 2.75%。因此，该 HPLC 方法具有很好的精密度、稳定性、重现性和回收率（表 5-6）。

表 5-6 五种主要黄酮化合物 HPLC 定量测试的精密性、稳定性、重复性以及回收率

Compounds	Precision (n=4)		Stability (n=4)		Repeatability (n=4)		Recovery (n=4)				
	RSD of RT (%)	RSD of PA (%)	RSD of RT (%)	RSD of PA (%)	RSD of RT (%)	RSD of PA (%)	Unspiked (μg)	Spiked (μg)	Detected (μg)	Recovery (%)	RSD (%)
Rutin	0.21	2.13	0.35	1.19	0.39	1.95	150.23	200.31	343.74	98.06	1.05
Isoquercitrin	0.19	1.26	0.25	1.11	0.15	1.25	130.21	160.36	293.50	101.01	1.67
Avicularin	0.09	0.85	0.55	0.98	0.11	0.89	70.34	84.45	153.61	99.24	0.79
Quercetin	0.17	1.52	0.27	1.87	0.24	1.45	210.29	190.78	403.60	100.63	1.56
Kaempferol	0.41	0.95	0.53	2.23	0.36	2.35	45.37	41.21	84.39	97.48	2.75

5.3.4 发酵番石榴叶黄酮组分特征性指纹图谱构建

5.3.4.1 发酵番石榴叶黄酮组分特征性 UV-vis 图谱构建

所有样品总黄酮提取液的紫外指纹图谱如图 5-1A 所示。我们可以看到，在 250 ~ 275 nm 和 345-375 nm 处有两个最大吸收峰。这是由于黄酮醇化合物有两个主要的紫外吸收峰，即弱峰 I（350 ~ 385 nm）和强峰 II（250 ~ 280 nm），这两个最大吸收峰的强弱可以快速反映样品总黄酮的含量。结果表明，番石榴叶中主要的黄酮类化合物是黄酮醇，这一结果与 HPLC-ESI-TOF/MS 鉴定结果一致。此外，不同菌株发酵加工处理后番石榴叶黄酮提取液的紫外吸收指纹图谱有一定的差异（图 5-1B）。发酵番石榴叶黄酮提取液最大紫外吸收值明显高于未发酵样品（CK）；而且红曲 - 酿酒酵母（S）共发酵后最大紫外吸收值明显高于单用红曲霉（M）或酿酒酵母（Y）发酵的样品，这表明微生物发酵法有助于提高样品提取液总黄酮的含量。紫外 - 指纹图谱是一种简单、快速、方便的方法来鉴别不同样品某一类具有相同性质的化合物性质特征，但是要提高指纹图谱的准确性，必须使用 HPLC 指纹图谱找出其特征性组分差异。

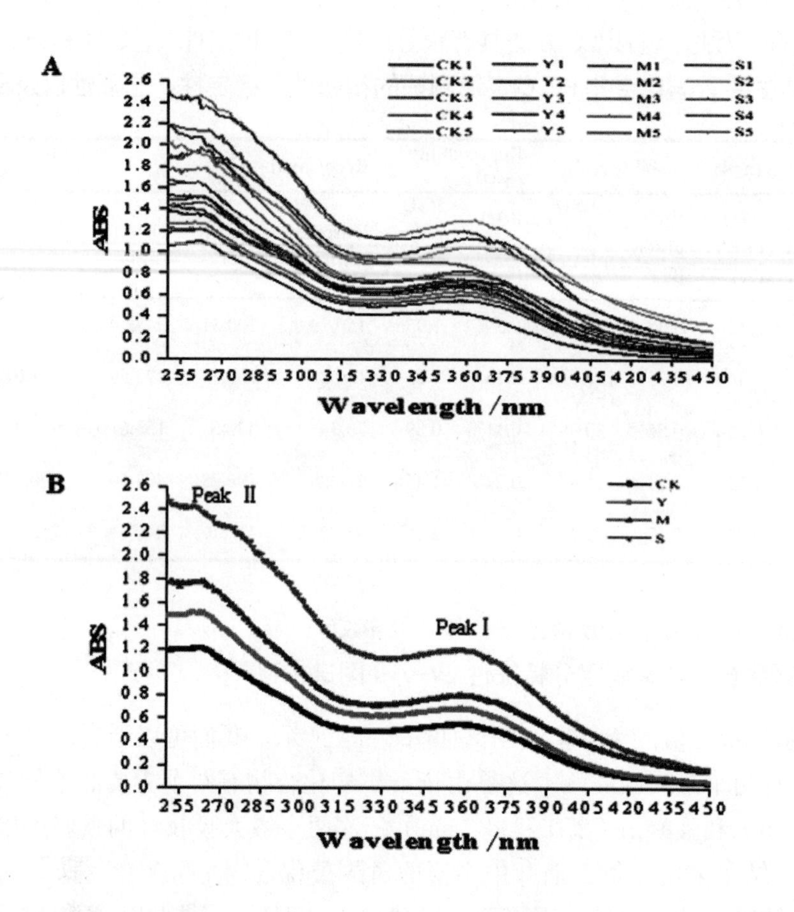

图 5-1 未发酵以及发酵样品黄酮提取液 UV-vis 图谱（A）与特征性 UV-vis 指纹图谱。CK：未发酵对照样品，Y：酿酒酵母发酵样品，M：红曲霉发酵样品，S：红曲霉与酿酒酵母共发酵样品。

5.3.4.2 发酵番石榴叶黄酮组分 HPLC 特征性指纹图谱构建

图 5-2A 和 5-2B 分别表示 5 批不同季节采集的番石榴叶样品以及 15 批发酵炮制后的番石榴叶样品的 HPLC 指纹图谱。如图 5-2A 所示，5 批不同季节采集的番石榴叶样品有 9 个共同峰。而 15 批发酵番石榴叶样品有 12 个共同峰。结合紫外吸收光谱、HPLC-ESI-TOF/MS 质谱结果以及标准品液相色谱，11 个峰初步鉴定为黄酮类化合物。化合物 2，3，6，10 和 11 分别鉴定为芦丁、异槲皮苷、扁蓄苷、槲皮素和山奈酚（图 5-3AB）。然而，发酵番石榴叶样品均没有峰 1，而峰 10 含量均明显增加，这表明该化合物 1 可能通过微生物发酵转化为峰 10（槲皮素）。在未发酵番石榴叶图谱的 9 个共有指纹峰中，化合物 1-8 和 10 有较高浓度。而在发酵番石榴叶中化合物 2-12 含量均较高。

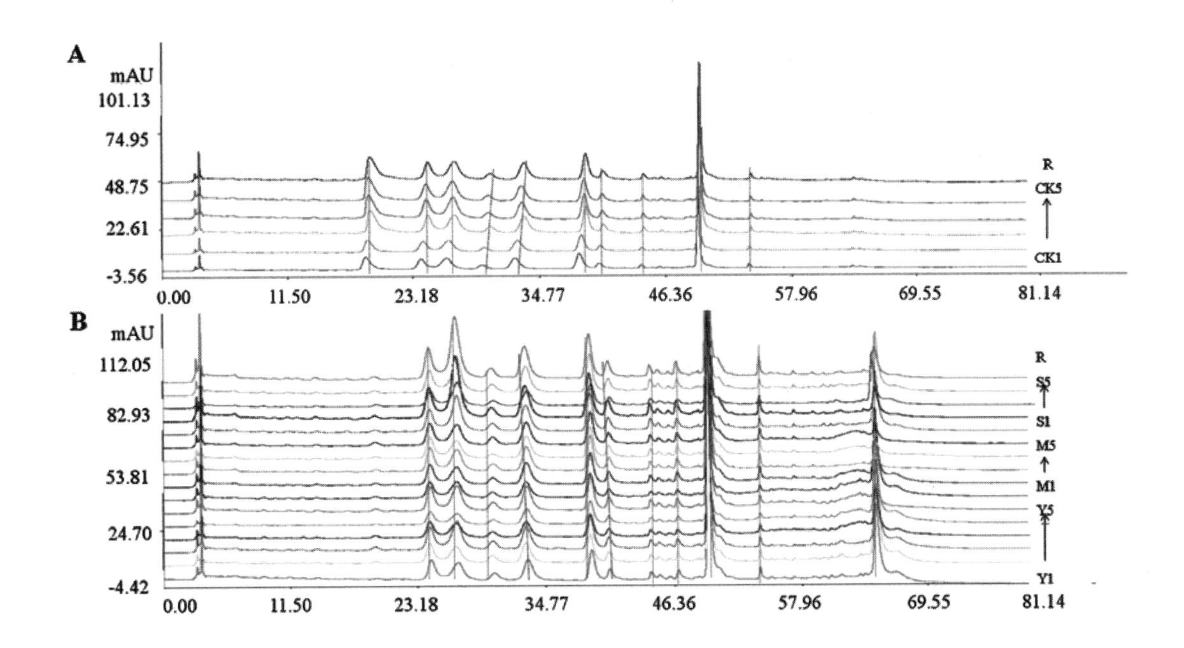

图 5-2 5 批番石榴叶（A）与 15 批发酵番石榴叶（B）黄酮活性成分 HPLC 指纹图谱

注：CK1-CK5，样品收集于不同季节；Y1-Y5，不同季节样品经酵母发酵；M1-M5，不同季节收集样品经红曲菌发酵；S1-S5，不同季节收集样品经红曲与酵母菌共发酵

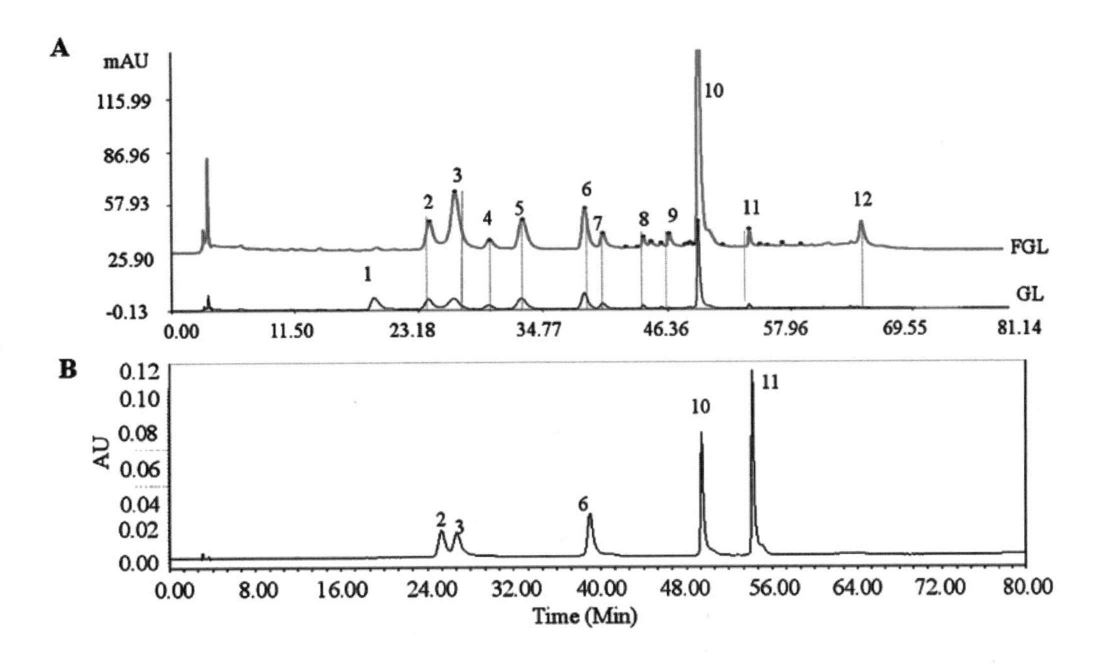

图 5-3 所有样品番石榴叶 HPLC 特征性图谱（A）与黄酮标品 HPLC 色谱（B）。2- 芦丁，3- 异槲皮苷，6- 扁蓄苷，10- 槲皮素，11- 山奈酚

5.3.4.3 总黄酮与主要黄酮组分含量测定

本章利用高效液相色谱法对所有番石榴叶样品中主要的5种黄酮类化合物进行定量分析(表5-7)。5批未发酵番石榴叶样品总黄酮的平均含量仅为9.89 mg/g DW。而发酵炮制处理后番石榴叶总黄酮含量明显提高，其中红曲霉与酿酒酵母共发酵处理后番石榴叶样品总黄酮含量最高，达到22.89 mg/g DW（S5）。微生物发酵后番石榴叶中几种黄酮类化合物的含量明显降低（化合物1和40。而槲皮素含量明显增加，最高含量达到3.98 mg/g DW。与未发酵组（CK1-CK5）相比，共发酵组（S1-S5）总黄酮和槲皮素含量分别提高了2.32倍和4.06倍。这可能是由于微生物发酵促进了番石榴叶总黄酮的释放，其黄酮糖苷被转化为槲皮素的原因。

表5-7 不同批次未发酵与发酵番石榴叶主要的5种黄酮组分含量以及总黄酮含量

Sample No.	Content (mg/g dry mass of GL or FGL extract)					
	Rutin	Isoquercitrin	Avicularin	Quercetin	Kaempferol	Total flavonoids
CK1	0.650 ± 0.032	1.450 ± 0.072	1.220 ± 0.013	0.800 ± 0.022	0.075 ± 0.015	9.231 ± 0.267
CK2	0.625 ± 0.043	1.650 ± 0.053	1.101 ± 0.022	0.810 ± 0.031	0.075 ± 0.037	9.453 ± 1.178
CK3	0.875 ± 0.019	1.325 ± 0.031	0.925 ± 0.021	0.875 ± 0.042	0.075 ± 0.024	10.112 ± 0.834
CK4	0.650 ± 0.061	1.525 ± 0.026	1.075 ± 0.031	0.905 ± 0.013	0.100 ± 0.031	10.151 ± 0.732
CK5	0.675 ± 0.047	1.775 ± 0.017	0.950 ± 0.017	0.851 ± 0.017	0.102 ± 0.034	10.312 ± 0.538
M1	1.025 ± 0.021	2.175 ± 0.022	0.800 ± 0.021	2.551 ± 0.025	0.100 ± 0.041	17.461 ± 0.937
M2	0.725 ± 0.024	1.875 ± 0.029	0.825 ± 0.024	2.375 ± 0.021	0.135 ± 0.032	16.723 ± 1.211
M3	0.875 ± 0.031	2.001 ± 0.056	0.801 ± 0.026	2.850 ± 0.036	0.145 ± 0.035	17.654 ± 1.011
M4	1.075 ± 0.039	2.651 ± 0.042	0.951 ± 0.034	3.025 ± 0.037	0.155 ± 0.019	18.753 ± 0.912
M5	0.851 ± 0.018	1.975 ± 0.047	0.701 ± 0.029	2.378 ± 0.051	0.131 ± 0.027	16.892 ± 0.817
Y1	0.501 ± 0.046	1.525 ± 0.038	0.652 ± 0.045	1.502 ± 0.062	0.122 ± 0.026	14.651 ± 0.635
Y2	1.075 ± 0.075	2.475 ± 0.014	0.951 ± 0.051	2.110 ± 0.012	0.131 ± 0.024	15.350 ± 0.798
Y3	0.602 ± 0.031	2.801 ± 0.017	0.975 ± 0.037	2.375 ± 0.045	0.143 ± 0.017	16.553 ± 1.041
Y4	0.625 ± 0.043	1.875 ± 0.032	0.925 ± 0.039	2.125 ± 0.042	0.124 ± 0.036	15.112 ± 0.916
Y5	0.675 ± 0.039	1.925 ± 0.052	0.876 ± 0.045	2.410 ± 0.036	0.123 ± 0.041	16.871 ± 0.817
S1	1.075 ± 0.012	2.302 ± 0.045	0.952 ± 0.036	3.278 ± 0.051	0.135 ± 0.031	19.193 ± 1.237
S2	1.175 ± 0.018	2.103 ± 0.051	0.852 ± 0.029	3.177 ± 0.026	0.146 ± 0.028	18.967 ± 1.319
S3	0.975 ± 0.029	2.251 ± 0.032	0.902 ± 0.032	3.203 ± 0.019	0.145 ± 0.014	19.075 ± 1.101
S4	1.251 ± 0.056	2.950 ± 0.037	1.051 ± 0.041	3.351 ± 0.016	0.135 ± 0.021	21.653 ± 0.926
S5	1.402 ± 0.041	3.275 ± 0.042	1.203 ± 0.012	3.975 ± 0.038	0.151 ± 0.032	22.892 ± 0.899

5.3.5 发酵番石榴叶黄酮组分变化趋势

5.3.5.1 发酵番石榴叶黄酮组分相似性评估

番石榴叶黄酮类化合物特征峰为其质量整体分析提供了依据，可用于评价发酵加工对番石榴叶样品质量差异影响。当所有样品的HPLC图谱输入中药指纹图谱相似性评估软件（SESCF，

2012 版本）系统后，通过选择一个参考标准色谱以及参考特征峰，将所有样品进行自动匹配，根据其色谱图之间的矢量角余弦值计算即可获得所有样品之间的相似度值。

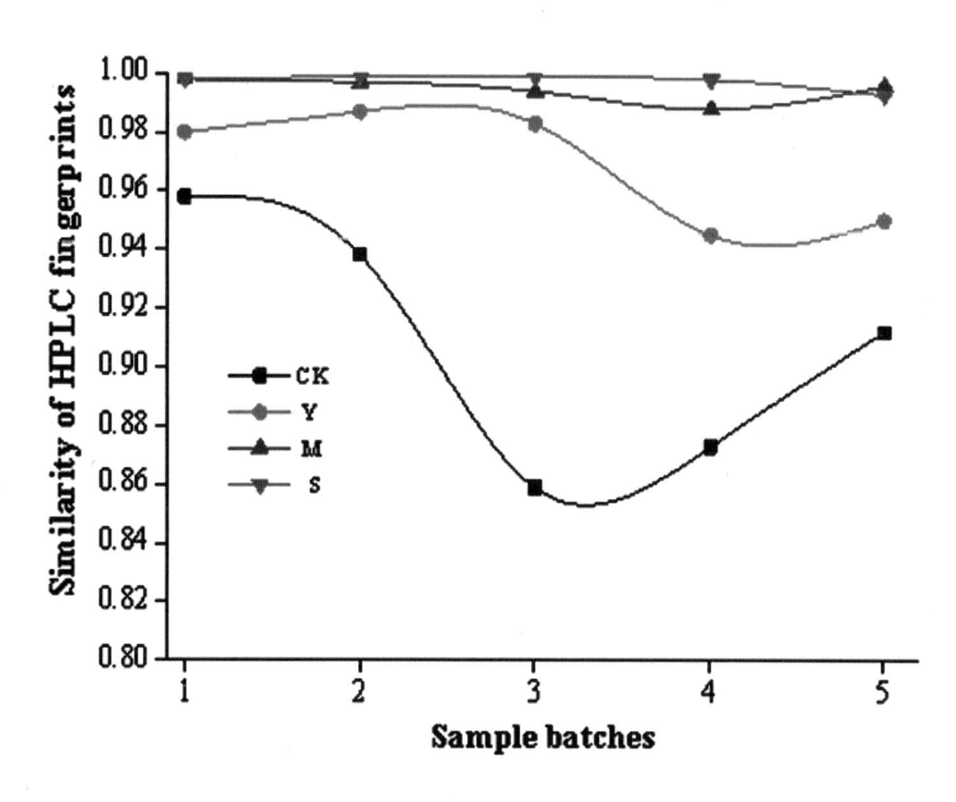

图 5-4 不同批次未发酵与发酵番石榴叶样品黄酮组分相似性评估

番石榴叶 HPLC 指纹图谱中 12 种黄酮活性组分代表了样品质量差异。由于发酵样品包含了所有的黄酮组分，且峰 10 具有好的峰形以及最高含量，根据指纹图谱构建原则，我们选择 S1 作为参考标准色谱，峰 10（槲皮素）作为参考峰建立指纹图谱，通过将指纹图谱匹配获得的样品相似性数据。如图 5-4 所示，未发酵样品的相似性在 0.837~0.927 之间，而发酵样品的相似性均高于 0.978。特别地，红曲菌与酵母共发酵组样品相似性大于 0.993。中国对中药指纹图谱相似性规定，当样品相似性超过 0.95，即可认为样品比较稳定。结果说明，所有样本的 HPLC 指纹图谱都具有较高的相似性，但是发酵样品比未发酵样品具有更好的质量一致性，而红曲霉和酿酒酵母的发酵样品质量一致性最高。因此，不同月份采集的番石榴叶样品质量存在一定的差异，而通过微生物发酵加工工艺能显著提高番石榴叶产品的质量一致性，而且选用不同微生物加工对其质量一致性影响也不相同。

5.3.5.2 聚群分析（HCA）与主成分分析（PCA）

为了找出所有样品黄酮类活性组分质量差异，我们采用了 IBM SPSS 统计软件进行聚类分析。利用 Ward 方法与欧式距离平方法原则，选择番石榴叶样品中黄酮类化合物的含量作为聚类变量建立聚群[235, 236]。所有样品明显分为两类群。Cluster 1 主要包括不

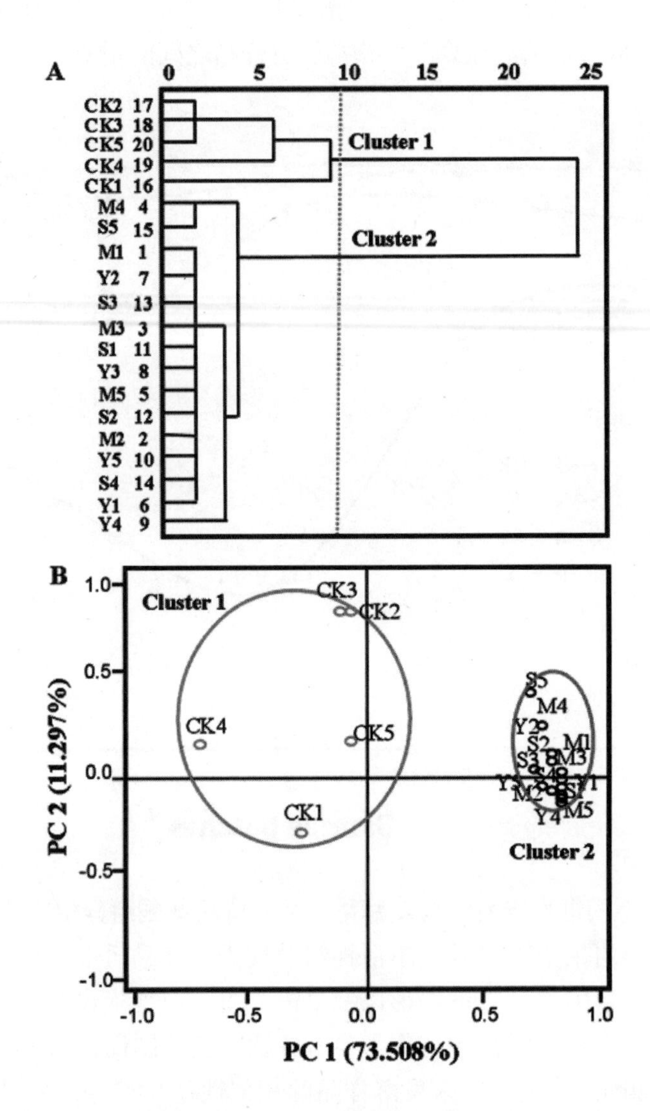

图 5-5 不同批次未发酵番石榴叶与发酵番石榴叶样品 HCA（A）以及 PCA（B）

同批次未发酵样品组成（CK1-CK5），Cluster 2 主要包括发酵番石榴叶样品（M1-M5，Y1-Y5，S1-S5）（图 5-5A），Cluster 2 中黄酮类化合物含量明显高于 Cluster 1 样品。HPLC 指纹图谱的数据矩阵包含了许多变量，我们对 HPLC 图谱中黄酮类化合物相对峰面积组成的数据矩阵进行主成分分析。设定特征值大于 1，两个主成分 PC1 和 PC2 为数据矩阵同质性的识别提供了一种方便的视觉辅助手段。我们首先对不同样品 HPLC-DAD 获得数据进行了标准化，获得所有样品相关系数数据矩阵。对 20 批样品主要黄酮化学成分的相关系数进行主成分分析。如图 5-5B 所示，PCA 得分图中两个主成分 PC1（73.51%）和 PC2（11.30%）占总变量的 84.80%。所有样品明显被划分为两类：CK1，CK2、CK3、CK4 和 CK5（即未发酵样品）分为 Cluster 1，而 M1、M2、M3、M4、M5、Y1、Y2、Y3、Y4、Y5、S1、S2、S3 和 S4（即发酵样品）分为 Cluster 2。PCA 与前面 HCA 结果一致。总黄酮含量测定结果也表明，Cluster 2 番石榴叶样品质量明显优于 Cluster 1。因此，本研究建立的 HPLC 指纹图谱方法结合 HCA 和 PCA 分析，可用于评估不同季节茶叶产品质量或者发酵炮制加工对茶样品质量一致性的影响。

5.4 本章小结

本章通过用不同微生物对不同季节采集的番石榴叶样品进行发酵处理，建立了发酵炮制前后番石榴叶黄酮组分指纹图谱，对其发酵处理前后番石榴叶质量一致性进行评估，为天然产物质量或者功效稳定性控制提供了指导意义。

（1）不同季节采集的番石榴叶样品黄酮组分差异较大，而不同的微生物发酵可以明显增加番石榴叶黄酮组分含量；

（2）发酵炮制番石榴叶黄酮 HPLC 指纹图谱，结合 PCA 以及 HCA 化学计量数分析，可以综合评估发酵处理对番石榴叶质量一致性的影响。微生物发酵可以明显提高番石榴叶质量一致性，提高其产品功效稳定性。

第六章 发酵番石榴叶可溶性多酚的释放及活性增强

6.1 引言

在中国、日本等其他亚洲国家，番石榴叶 (Psidium guajava L. leaves)，已经被加工成降血糖保健茶产品[220, 237]。它包含许多植物次级代谢产物，包括多酚类化合物、黄酮类化合物、生物碱和皂甙。多酚与黄酮类化合物通常被认为具有很强的抗氧化能力、DNA 氧化损伤的抑制作用，抗炎症和降血糖活性[238, 239]。由于天然产物的多酚类化合物具有多种生物学活性，且原料价格低廉，近年来已成为一种非常受欢迎的功能营养补充原料。

多酚类化合物通常以两种形式（可溶性多酚和不溶性 - 结合态多酚）存在于植物或者食品基质中[240]。其中可溶性多酚类化合物很容易被提取出来，然而不溶性 - 结合态多酚类化合物通常与植物细胞壁中的纤维素、蛋白质或多糖相互作用形成共价化合物而难以提取[241]。目前植物基质中的结合态多酚物主要通过酸或碱水解法提取，但是酸碱水解法会造成基质中活性成分的化学键断裂，进而破坏食品或者中草药的药效。因此，这类提取方法对于药用食品加工是不可取的。当前，微生物发酵是一种温和的、绿色的生物加工技术，并且能够对药用植物或者谷物食品起到协同增效作用。微生物发酵已广泛应用于食品天然产物活性成分提取以及生物转化[242, 243]。

本章首先从枯萎的番石榴叶体表分离出产纤维素酶的细菌，并对其进行了 16S DNA 鉴定；研究了不同微生物共发酵对番石榴叶多酚类物质的释放效率；筛选最佳发酵菌株进行发酵条件优化，监测了发酵过程中番石榴叶可溶性和不溶性结合态多酚的变化；并采用高效液相色谱法 - 飞行时间 - 电喷雾电离质谱（HPLC-ESI-TOF/MS）对其多酚组分进行鉴定；比较了发酵前后番石榴叶中不同形态多酚的抗氧化活性及其抗 DNA 损伤作用。

6.2 材料与方法

6.2.1 微生物

本实验室分离并保存的一株色素高产菌 Monascus anka GIM 3.592，保存于广东省微生物菌种保藏中心（GDMCC/GIMCC）。

本实验室分离并保存的四株纤维素酶高产菌 Arthrobacter sp. AS1，Bacillus sp. BS2，Bacillus sp. BS3，Alcaligenes sp. AS4，保存于华南理工大学生物科学与工程学院。

6.2.2 培养基

选择性富集筛选培养基：纤维素二钠 10 g/L，蛋白胨 10 g/L，酵母膏 5 g/L，NaCl 10 g/L，KH_2PO_4 1 g/L，MgSO4 0.2 g/L。

刚果红 - 纤维素琼脂筛选培养基：KH_2PO_4 1 g/L，$MgSO_4$ 2.5 g/L，纤维素二钠 2.0 g/L，刚果红 2 g/L，琼脂 20 g/L，白明矾 2 g/L，pH 6.8 ~ 7.2。

红曲菌斜面培养基：PDA 培养基。

红曲种子培养基：葡萄糖 20 g/L，酵母膏 3 g/L，蛋白胨 10 g/L，KH_2PO_4 g/L，KCl 0.5 g/L，$FeSO_4 \cdot {}_7H_2O$ 0.01 g/L。

细菌种子培养基：蛋白胨 20 g/L，葡萄糖 20 g/L，NaCl 10 g/L，pH 7.2~7.4。

固态发酵基质（SSF）包括干番石榴叶（25%，w/w），大米粉（15%，w/w）和水（60%，w/w）。

6.2.3 试剂与材料

本章所使用的主要实验材料与试剂如表 6-1 所示。

表 6-1　实验材料与试剂

材料与试剂	规格 / 型号	生产产家
福林酚试剂	AR	美国 Sigma 公司
多酚标准化合物	HPLC	美国 Sigma 公司
抗坏血酸	AR/HPLC	美国阿拉丁公司
三氯化铁	AR	广东光华科技股份有限公司
2,4,6- 三吡啶基 - 哒嗪（TPTZ）	AR	美国阿拉丁公司
1,1- 二苯基 -2- 苦基肼（DPPH）	AR	美国阿拉丁公司
过硫酸钾（$K_2S_2O_8$）	AR	广东光华科技股份有限公司
2,2- 连氮基 - 双（3- 乙基苯并噻唑啉 -6- 磺酸）二铵盐（ABTS）	AR	美国阿拉丁公司
丙酮	AR	美国 Fisher Scientific 公司
乙酸乙酯	HPLC	美国 Fisher Scientific 公司
乙腈	HPLC	美国 Fisher Scientific 公司
乙醇	HPLC	美国 Fisher Scientific 公司
甲醇	HPLC	美国 Fisher Scientific 公司

6.2.4 实验仪器

本章所使用的主要实验仪器如表 6-2 所示。

表 6-2 主要实验仪器

仪器及型号	品牌或生产商
电子分析天平 TE612-L	德国 Sartorius 公司
真空抽滤机 SHZ-D	上海霄汉实业发展有限公司
旋转蒸发仪	德国 Heidolph 公司
超声仪 KQ-400KDE	昆山市超声仪器有限公司
冷冻离心机	美国 Thermo 公司
高效液相色谱系统	美国 Waters 2695
HPLC 二极管阵列检测器（PDA）	美国 Waters 2998
液相色谱（HP1100）质谱（microTOF-QII）联用仪	美国 Angilent/ 德国 Bruker
紫外 / 可见分光光度计 2802S	日本 Shimadzu 公司
恒温水浴锅	天津奥特赛恩斯仪器有限公司
酶标板	美国 Fisher 公司
自动酶标仪	美国 Molecular Devices 公司
荧光检测器 Waters 2475	美国 Waters 2475

6.2.5 实验方法

6.2.5.1 产纤维素酶菌株筛选

从广东省江门市南粤金番石榴茶种植基地收集 5 g 枯萎番石榴叶，切成碎片，接种到选择性富集培养基中，在振荡培养箱中 30 ℃，180 r/min 培养 7 天 ，该富集过程重复三次。然后将富集液稀释涂布于刚果红 - 纤维素琼脂筛选平板上，通过比较产生的透明圈大小筛选产纤维素菌株 [244]。分离初筛的菌株继续用刚果红 - 纤维素琼脂筛选培养基进行复筛，确认所筛选菌的纤维素降解能力。

6.2.5.2 16S RNA 基因测序以及进化树分析

参照 MiniBEST 细菌基因组 DNA 提取试剂盒方法提取所筛选菌株 S1-S4 的基因组 DNA。设计两种通用引物 27F：5'（AGAGTTTGATCCTGGCTCAG），1492R：5'（TACGGTTACCTTGTTACGACTT）扩增菌株的 16S rDNA 基因序列。具体的 PCR 程序如下：94 ℃，预变性 1 min；然后 94 ℃，变性 30 s，58 ℃退火 30 s 和 72 ℃，延伸 2 min，此步骤进行 30 个循环；最后 72 ℃，延伸 10 min。根据 MiniBEST 琼脂糖凝胶 DNA 提取试剂盒步骤纯化各菌株 16S DNA PCR 产物后，交与生工测序公司进行测序。将 16S DNA 序列输入 NCBI GenBank 数据库（http: // www.ncbi.nlm.nih.gov/genebank/），使用 BLAST 程序（http: // blast.ncbi.nlm.nih.gov/）进行序列比对。使用 CLUSTAL 程序和 MEGA（5.0 版）软件对筛选菌株 16S DNA 构建系统进化发育树。

6.2.5.3 番石榴叶固态发酵条件

将新鲜的红曲菌种（Monascus anka）接种于 PDA 平板上，30 ℃培养 7 天。用 0.1% Tween 80 水溶液洗下 PDA 平板上的红曲孢子，然后将约 3106 个孢子接种于装有 50 mL 种子培养基的 250 mL 摇瓶中，30 ℃，180 r/min 摇床培养 27 h。而所筛选细菌种子接种于装有 50 mL 细菌种子培养基的 250 mL 摇瓶中，30 ℃，180 r/min 摇床培养 20 h。使用前将固态发酵基质 250 mL 摇瓶在 121 ℃蒸汽灭菌 15 min。在每 100 g 固体培养基中接种 5 mL 细菌种子培养液（1×10^6 CFU/mL）和 10 mL 红曲霉菌种子培养物（1×10^6 个孢子 /mL）。用 15 mL 无菌水代替 15 mL 种子培养物作为对照实验组。将接入的种子培养物与固态基质在 250 mL 摇瓶中充分混匀，置于恒温培养箱中，维持相对湿度 65%，28 ℃下培养 12 天。其中，在第 4 天和第 7 天翻转固态基质释放微生物生长产生的热量。所有实验均独立进行三次重复。

6.2.5.4 发酵番石榴叶多酚组分 HPLC-ESI-TOF/MS 鉴定

HPLC-ESI-TOF/MS 条件：色谱柱 SunFire™ C18（250 × 4.6 mm，5 μm，Waters，USA），流动相 A 相为 0.1% 甲酸溶液，B 相为乙腈；洗脱程序为 15% B，0 ~ 5 min；15% ~ 20% B，5 ~ 10 min；20% ~ 25% B，10-20 min；25% ~ 35% B，20 ~ 30 min；35% ~ 50% B，30 ~ 40 min；80% B，40 ~ 50 min；15% B，50% ~ 55 min。流速为 0.8 mL/min；进样体积为 10 μL；柱温 30 ℃；检测波长全波长扫描 200 ~ 600 nm。LC/MS 采用正离子检测模式，记录滞留时间为 500 ms 在 m/z 100-1000 的离子丰度。其他质谱操作条件如下：流速为 6.0 L/min 的干燥气体（N_2）；4 kV 电喷雾电压；汽化器温度和电压分别为 350 ℃和 ± 40 V。。

6.2.5.5 发酵番石榴叶可溶性多酚与不可溶性 - 结合态多酚提取

总多酚的提取根据 Oboh 等人描述的方法[245]。将未发酵番石榴叶与发酵的番石榴叶（UPGL/FPGL）置于 60 ℃烘箱，烘干 15 h，用粉碎机将其研磨成粉末。准确称量 1 g 样品粉末，加入 80 mL 甲醇，用索氏提取器提取三次。提取液用 0.45 μm WhatmanR 滤纸过滤。所得滤液在 40 ℃下真空加压蒸干，旋干物用 5 mL 甲醇重溶，即为总多酚提取液。可溶性多酚的提取根据文献描述的方法，稍作修改[246]。准确称量一定量的样品粉末，加入 80% 甲醇（1：25，w/v）提取两次。将获得提取液用 0.45 μm WhatmanR 滤纸过滤后，滤液加入 70% 的乙酸乙酯液液萃取三次。通过真空旋转蒸发仪在 35 ℃下将合并萃取液浓缩干燥，除去乙酸乙酯，将浓缩干燥物重新溶解于 5 mL 的 50% 甲醇（v/v）中，即为得番石榴叶可溶性多酚提取液。将上述可溶性提取物过滤的残渣置于烘箱，在 60℃下，干燥 10 h，称量每个样品干渣的重量。称取 0.5g 干渣，加入 50 mL 4 M NaOH 溶液水解 4h。水解完成后，用浓盐酸调整其水解液 pH 为 2。所得水解液用 70% 的乙酸乙酯液萃取三次。通过真空旋转蒸发仪在 35 ℃下将合并萃取液浓缩干燥，除去乙酸乙酯。将浓缩干燥物重新溶解于 5 mL 的 50% 甲醇（v/v）中，所获液体即为不可溶性 - 结合态多酚。以上所提取的所有提取液均储存在 4 ℃冰箱中，用于后续分析。

6.2.5.6 发酵番石榴叶不同形态多酚含量测定

不同样品多酚含量根据文献报道的 Folin–Ciocalteu 方法进行测定[247]。简言之，反应体系包括：30 μL Folin–Ciocalteu 试剂，150 μL 饱和 $NaNO_3$ 和 100 μL 多酚提取液或没食子酸标品，在 25 ℃下，温育 30 min。使用酶标仪测量其在 760 nm 下的吸光度，用超纯水作为空白对照。用没食子酸（50 ~ 500 μg/mL）作为标品绘制多酚标准曲线。可溶性、不溶性结合多酚和总多酚含量均以每 g 样品干重没食子酸当量表示（mg GAE/g DM）。

6.2.5.7 桔霉素的检测

HPLC 条件：色谱柱 SunFire™ C18（250 × 4.6 mm，5 μm，Waters，USA），流动相 A 相为 36% 醋酸：水（10 ：100），B 相为 36% 醋酸：乙腈（10：100）；洗脱程序为：0 ~ 1 min，80% A；1 ~ 28 min，80% ~ 50% A；28 ~ 30 min，50 ~ 15% A；30 ~ 50 min，15% A；50 ~ 52 min，15 ~ 80% A；52 ~ 55 min，80% A；进样量：10 μL；柱温 30 ℃；流速 1 mL/min；采用荧光检测器 Waters 2475 检测：激发波长 331 nm，发射波长 500 nm。

6.2.5.8 抗氧化活性测定

DPPH，$ABTS^+$ 自由基清除能力与 FRAP 测定方法参照第 2 章 2.2.3.5 节。

6.2.5.9 DNA 损伤评估

众所周知，人体内积累过多的自由基将会引起细胞核中 DNA 断裂，最终会导致细胞突变、细胞毒性和细胞癌变[248]。Fenton's 试剂反应形成的羟自由基是导致超螺旋 DNA 链断裂的原因之一，它可以将环状 DNA 断裂形成开环状 DNA 或者线性 DNA 单链形式。本章根据文献报道的方法[249]，对发酵前后番石榴叶样品不同形态多酚提取液对氧化性环状 DNA 损伤的保护作用进行了研究。反应混合体系包括：10 μL 多酚提取液（30 μg/mL），10 μL Fenton 试剂（80 mM $FeCl_3$，50 mM 抗坏血酸，30 mM H_2O_2），2 μL pMD 18–T DNA （150 ng/μL）。将反应液在 37 ℃下孵育 30 min 后，样品上样于 1% 琼脂糖凝胶（添加 5%（v/v）Goldview 染色）

进行 DNA 分析。凝胶置于 Bio-Rad Gel Doc XR 系统紫外照射，用 Quantity One 软件计算每个 DNA 带的光密度值。本实验以槲皮素作为阳性对照，以磷酸盐缓冲液代替样品作为阴性对照。超螺旋 DNA 百分比定义为超螺旋 DNA 带光密度值与总 DNA 带总光密度值（超螺旋 DNA 和氧化损伤 DNA）的比值，并根据以下方程式计算：

$$\text{超螺旋 DNA (\%)} = \frac{A_S}{A_S + A_O} \times 100$$

其中 As 是每条凝胶通道中超螺旋型 DNA 带的光密度，*A*o 是开环型和线型 DNA 带的光密度。超螺旋 D N **A** 百分比越高表示样品对 DNA 损伤的抑制作用越强。

6.2.6 统计学分析

使用 Statistic 7.1 与 Origin 8.5 软件进行数据分析。根据文献描述的方法，通过回归分析法计算 IC_{50} 值。通过单因素方差分析（One-way ANOVA）方法计算各水平的显著性差异。$p \leqslant 0.05$ 和 $\leqslant 0.01$ 分别代表显著性与极显著性差异。

6.3 结果与讨论

6.3.1 高产纤维素酶菌株的筛选与鉴定

根据 Lu 等人报道的方法，计算富集初筛的产纤维素酶菌株在以纤维二糖和羧甲基纤维素二钠为底物的复筛平板上形成的水解圈，复筛出纤维素酶活较高的菌株。本章从番石榴枯叶中复筛了四株产纤维素酶菌株。通过 CLUSTAL W 软件对分离到的菌株进行 16S RNA 基因分析。根据 16S RNA 基因测序结果，绘制了 4 种菌株的系统发育树。结果如图 6-1 所示，菌株 S1 与节杆菌属具有较高的序列相似性，相似性分别为原核菌 08BF27CA（99.35%，KX 146480.1），溶解肌酐节杆菌 ZZX 28（99.21%，KJ 009396.1），溶肌酐节杆菌 CY-2（99.12%，KM 871867.1），节杆菌 sp. SF 46（99.51%，KM 9782)17.1）。我们认为它是节杆菌属的一个种，因此，我们把它命名为 AS1。相反，菌株 S2 和 S3 与 Bacillus megaterium WX4（99.01%，KF 963621.1）、Bacillus aryabhattai LMB 023（99.41%，KT 986091.1） 和 Bacillus aryabhattai CDDS 3（99.51%，KU 170082.1）具有较高的序列相似性。因此，它们被归类为芽孢杆菌属，分别命名为 BS2 和 BS3。菌株 S4 序列与 Alcaligenes faecalis KW 102（100%，LK 391652.1）以及 Alcaligenes faecalis SH 179（100%，KC 172062.1）有高度相似性。因此，它被确认为粪产碱杆属，命名为 AS4。

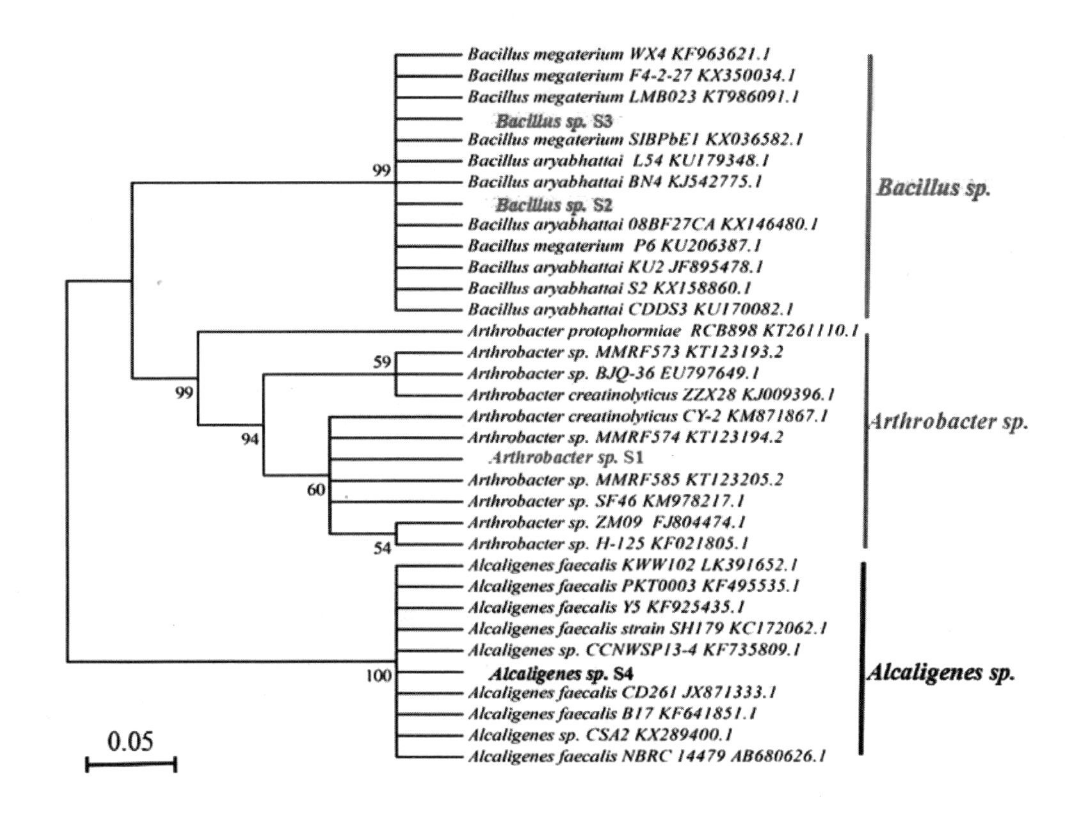

图 6-1　筛选的四株菌株的系统进化树

6.3.2 不同微生物组合发酵番石榴叶多酚释放效率

图 6-2 表示了红曲菌分别与筛选的细菌（AS1，BS2，BS3 与 AS4）共发酵对番石榴叶多酚释放效率的影响。结果表明，在发酵 2 ~ 8 天阶段，番石榴叶总多酚的含量随着发酵时间明显增加。在发酵第 8 天，多酚含量达到最高。而在发酵 8 天后，多酚的含量随着发酵时间增加保持不变或者轻微减少，这可能是由于一些多酚类化合物被氧化成其他化合物或者多酚化合物被当做碳源被微生物利用引起的。Muthumani 与 Kumar 报道，发酵时间对黑茶多酚化合物含量与组分有明显的影响，黑茶中的儿茶素容易随着发酵的进行而被氧化成对苯二酚[250]。结果也证实，不同微生物共发酵对番石榴叶多酚的释放效率有明显的影响。当仅用红曲菌发酵番石榴叶时，番石榴叶多酚释放量最低，这是由于番石榴叶本身对一些真菌以及细菌有抑制作用，红曲菌与番石榴叶生物相容性比较差，造成红曲菌在番石榴叶基质中生长缓慢，产生的水解酶种类及含量也受到限制，进而影响番石榴叶多酚释放效率。当用红曲菌与菌 BS2 共发酵时，相对于未发酵组，番石榴叶多酚含量增加了 2.39 倍。这可能有两个方面原因：第一，红曲菌、菌 BS2 以及番石榴叶基质共发酵生物相容性较好，它们在番石榴叶基质上生长具有协同作用，进而可以产生更多的水解酶系促进多酚的释放；第二，我们前面已经报道红曲菌与酿酒酵母共发酵可以产生高含量的纤维素酶以及 β-葡萄糖苷酶，这些水解酶在促进多酚释放与转化过程中有重要作用。结果证实，通过红曲菌与筛选的芽孢杆菌固态发酵可以明显促进番石榴叶多酚的释放。许

多研究也表明，用不同的微生物或者真菌固态发酵可以极大的促进食品或者茶类产品多酚的释放，例如采用香菇固态发酵蔓越莓渣，提高其鞣花酸与苷元类化合物含量[87]；采用黑曲霉固态发酵提高大豆多酚化合物的含量[251]；利用红曲霉液态发酵大豆水提液，促进其多酚极大的释放与转化[252]。

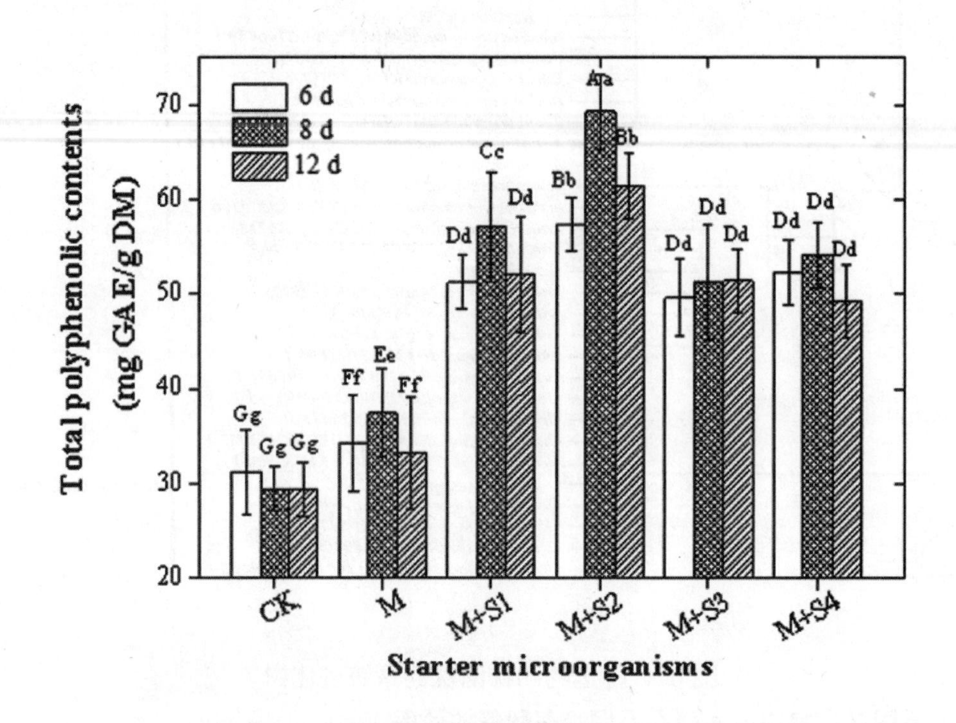

图 6-2 固态发酵过程中不同微生物发酵的番石榴叶在不同时期多酚的含量。

注：M，红曲霉菌，S1，节杆菌属 AS1，S2，芽孢杆菌属 BS2，S3，芽孢杆菌属 BS3，S4，粪产碱杆菌属 AS4。不同的小写字母表示不同微生物发酵的样品及未发酵样品之间的显著性差异，不同的大写字母表示不同发酵时间的所有样品之间的显著性差异。

6.3.3 番石榴叶固态发酵条件的优化

为了进一步研究固态发酵条件对多酚释放效率的影响，我们对 6.3.1 节中筛选出来的红曲菌与芽孢菌 BS2 固态发酵番石榴叶条件进行了优化。

A

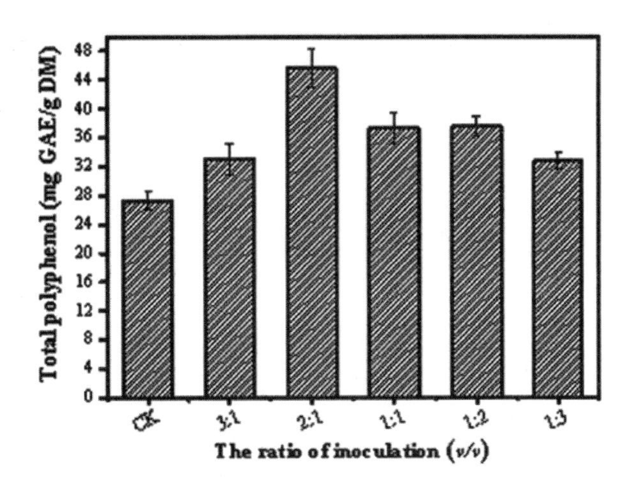

B

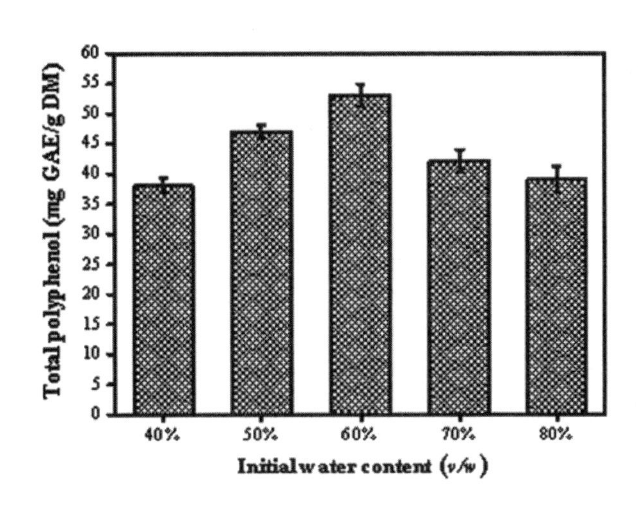

图 6-3 红曲菌与 BS2 菌株固态发酵番石榴叶条件优化，红曲菌与 BS2 菌株接种比例的影响（A）；红曲菌与 BS2 菌株发酵过程中固态发酵基质含水量影响（B）

图 6-3A 反映了红曲霉与芽孢菌 BS2 以不同接种量接种对番石榴叶多酚释放的影响。结果表明，当红曲菌与芽孢菌为 2 ∶ 1 时，释放多酚含量达到最大，为 47.37 mg GAE/g DM。图 6-3B 反映了基质含水量对番石榴叶发酵过程中多酚释放的影响。结果表明，当红曲菌与芽孢菌接种量维持在 2 ∶ 1，而基质含水量保持为 60% 时，番石榴叶多酚的释放达到最大，为 53.37 mg GAE/g DM。因此，接下来研究中，我们将在最优发酵条件下研究番石榴叶可溶性多酚与不可溶性多酚的变化规律。

6.3.4 番石榴叶发酵前后多酚化合物组分鉴定

通过比较各化合物在 HPLC 的保留时间、UV-Vis 光谱以及在 LC/MS 中产生的碎片离子对番石榴叶发酵前后多酚化合物进行鉴定，HPLC-ESI-TOF/MS 色谱图如图 6-4 所示。

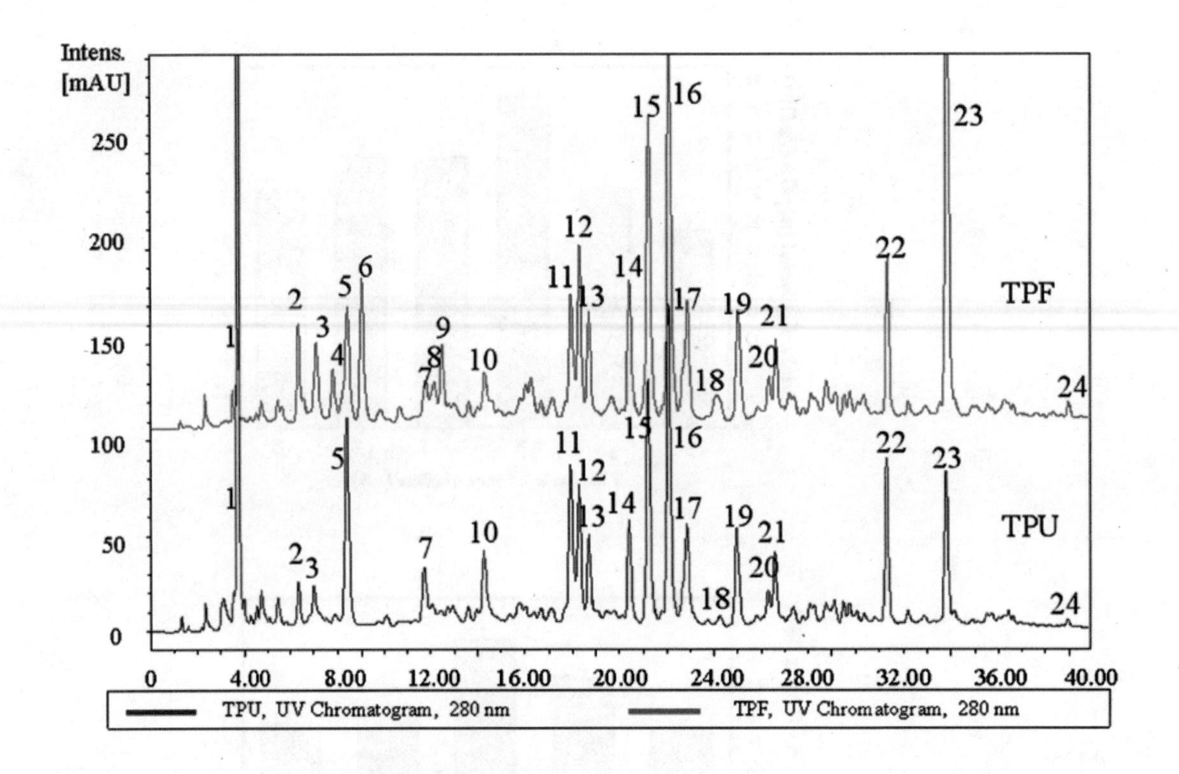

图 6-4 发酵番石榴叶与未发酵番石榴叶总多酚化合物的 HPLC-TOF-ESI/MS 色谱图。TPU，未发酵番石榴叶总多酚；TPF，发酵番石榴叶总多酚

表 6-3 列出了图 6-4 色谱图上对应化合物的 HPLC 保留时间、紫外最大吸收波长、MS 光谱信息、碎片 m/z 离子以及所有峰的鉴定结果。

表 6-3 HPLC-TOF-ESI/MS 方法对发酵前后番石榴叶主要多酚组分鉴定

Peak No.	Retention time (min)	λ_{max} (nm)	Molecular ion (m/z)	MS (m/z)	Mw	Formula	Error (ppm)	Compounds	Reference
1	3.73	215,270	169.2101[M-H]⁻	169.1221	170	$C_7H_6O_5$	-1.03	Gallic acid	Standard
2	6.47	260,301	327.2025[M+H]⁺	196.3412	326	$C_{14}H_{11}O_8$	-3.3	Unknown	-
3	7.08	210,268	353.2410[M+H]⁺	191.0121,98.9212	354	$C_{16}H_{17}O_9$	1.21	Chlorogenic acid	Standard
4	7.81	208,279	371.2290 [M+H]⁺	371.2290, 301.0505,138.1423	371	$C_{16}H_{8}O_9$	-3.9	Unknown	-
5	8.05	256,280	291.0876[M+H]⁺	291.0876	290	$C_{15}H_{14}O_6$	-4.2	L-epicatechin	Standard
6	8.91	214,300	227.0925 [M+H]⁺	227.0925,209.1025	226	$C_{11}H_{10}O_5$	-4.7	-	-
7	11.71	280,360	523.1098 [M+H]⁺	523.1098,219.2279 303.0512	523	$C_{23}H_{22}O_{14}$	-3.0	Mono-3-hydroxyethyl-quercetin-glucuronide	Standard
8	12.07	254,352	731.1636[M+H]⁺	731.1636,476.3080, 319.2279,301.0509	730	$C_{37}H_{30}O_{16}$	-4.0	Unknown	-
9	12.42	258,350	459.2812 [M+H]⁺	459.2812,319.2280, 303.0511	458	-	-	Unknown	-
10	14.39	254,354	579.1520 [M+H]⁺	579.1520,462.3567, 301.0512	578	$C_{30}H_{26}O_{12}$	-3.9	Procyanidin B_1	Standard
11	17.82	257,356	319.0461 [M+H]⁺	319.0461	318	$C_{15}H_{10}O_8$	-3.7	Myricetin	Chang et al.,2013
12	18.51	257,353	611.4210 [M+H]⁺	465.1002,303.0510, 309.1121	610	$C_{27}H_{30}O_{16}$	-1.3	Rutin	Standard
13	18.89	256,351	465.3610 [M+H]⁺	303.0501,163.1221	465	$C_{21}H_{20}O_{12}$	1.7	Isoquercitrin	Standard
14	20.51	254,359	435.0901 [M+H]⁺	303.0490,133,1412	434	$C_{20}H_{18}O_{11}$	0.7	Quercetin-3-O-β-D-xylopyranoside	Standard
15	21.37	254,356	435.0930 [M+H]⁺	303.0509,133.2510	434	$C_{20}H_{18}O_{11}$	0.1	Quercetin-3-O-α-L-arabinopyranoside	Standard
16	22.29	253,357	435.0940 [M+H]⁺	303.0511, 133.1526	434	$C_{20}H_{18}O_{11}$	1.4	Avicularin	Standard
17	22.81	262,391	449.1194[M+H]⁺	449.1194,303.0510	449	$C_{21}H_{20}O_{11}$	2.1	Quercitrin	Standard
18	24.21	254,351	454.3459 [M+H]⁺	454.3459,301.2174	453	-	-	Unknown	-
19	24.92	253,353	315.0722 [M+H]⁺	315.0722	314	$C_{11}H_{8}O_9$	-4.1	Unknown	-
20	26.17	262,371	627.1371 [M+H]⁺	627.1371,301.2175,	626	$C_{30}H_{26}O_{15}$	-4.2	Unknown	-
21	26.76	257,363	419.0984 [M+H]⁺	419.0984,287.0563	418	$C_{20}H_{18}O_{10}$	-3.4	Kaempferol-3-arabofuranoside	Standard
22	31.57	257,356	573.1622 [M+H]⁺	573.1622,315.0721, 301.2175,259.0971	572	$C_{28}H_{28}O_{11}$	-3.0	Unknown	-
23	33.78	254,364	303.0516 [M+H]⁺	303.0516	302	$C_{15}H_{10}O_7$	-4.1	Quercetin	Standard
24	39.13	254,365	287.0234 [M+H]⁺	287.0234	286	$C_{15}H_{10}O_6$	-1.8	Kaemferol	Standard

结果表明，番石榴叶中的多酚类化合物主要分为两大类：酚酸与黄酮，其中黄酮是最主要的活性成分。具体鉴定结果如下：化合物 1 根据其 UV 光谱特征与主要的离子碎片 m/z 169.1221，通过 Bruker 质谱分析软件获得其化学分子式为 $C_7H_6O_5$，因此化合物 1 被鉴定为没食子酸；同理，根据其 UV 光谱特征、主要的离子碎片 m/z 以及化学分子式，化合物 3 与 5 分别被鉴定为绿原酸与表茶素；化合物 7 根据其亲本离子 m/z 523.1098 产生两个离子碎片 m/z 219.2279 $[M-C_{15}H_{10}O_7]^+$ 与 m/z 303.0512 $[C_{15}H1_0O_7+H]^+$ 以及文献报道结果，被鉴定为 3-羟乙基-槲皮素-葡萄糖醛酸酯；化合物 11 根据其亲本离子 m/z 319.0461 $[M+H]^+$ 与其化学分子式 $C_{15}H_{10}O_8$，被鉴定为杨梅酮；化合物 12 的亲本离子为 611.4210 $[M+H]^+$，它产生两个离子碎片 m/z 465.1002 $[M-glc]^+$ 与 m/z 303.0510

$[C_{15}H_{10}O_7+H]+$，这是由一个槲皮素糖苷（芦丁）断裂两个葡萄糖苷而形成的离子碎片，而且根据其化学分子式 $C_{27}H_{30}O_{16}$，可以推断其为芦丁；化合物 14，15 与 16 具有相同的亲本离子 m/z 435.0901，产生两个离子碎片 m/z 303.0501 与 m/z 133.2510，这是由一个槲皮素糖苷断裂不同的糖苷键而形成的三个同分异构体，通过对照标准品，这三个化合物依次被鉴定为槲皮素 -3-O-β-D- 吡喃木糖苷、槲皮素 -3-O-α-L- 阿拉伯糖苷和扁蓄苷；根据亲本离子 m/z 419.0984 与其产生的主要离子碎片 m/z 287.0563 $[C_{15}H_{10}O_6+H]^+$，化合物 21 可以被鉴定为山奈酚 -3- 阿拉伯糖醛酸苷；化合物 23 产生的主要离子碎片为 m/z 303.0501 $[M+H]^+$，因此，很明显被鉴定为槲皮素；同理，化合物 24 产生的主要离子碎片为 m/z 287.0563 $[C_{15}H_{10}O_6+H]^+$，被鉴定为山奈酚；虽然化合物 8，9，18，19，20 虽然无法通过高分辨 MS 鉴定，但根据其紫外光谱，它们很可能是其他黄酮类化合物；然而，根据现有数据无法确定化合物 2 和 6。

6.3.5 番石榴叶发酵过程中可溶性多酚释放

图 6-5A 是发酵不同时间点番石榴叶可溶性多酚、不可溶性 - 结合态多酚以及总多酚含量跟踪测定结果。通过红曲霉菌与芽孢菌 BS2 共发酵后，番石榴叶总多酚含量明显提高，并且在发酵第 8 天，含量达到最大。为了进一步探讨番石榴叶不同类型多酚变化，我们对其发酵番石榴叶中的可溶性多酚与不可溶性 - 结合态多酚分别进行研究，结果如图 6-5B。结果表明，发酵番石榴叶可溶性多酚随着发酵时间增加而增加，并在第 8 天时含量达到最大，不可溶性多酚随着发酵时间增加而逐渐降低。而未发酵番石榴叶的可溶性多酚与不可溶性多酚均保持不变。这结果可能由于微生物发酵过程产生的水解酶系能够切除结合态多酚纤维素，半纤维素或者蛋白质之间的共价键，从而释放出更多的可溶性多酚。可溶性多酚与总多酚含量在第 8 天时达到最大值，而随着发酵时间增加，其含量有轻微降低趋势，这可能是由两个原因造成：第一，微生物能够产生一些氧化酶将多酚类化合物氧化成其他化合物，例如没食子酸[253]；第二，随着发酵基质的减少，微生物将可能利用番石榴叶中多酚化合物作为碳源进行生长代谢。由图 6-6 中 HPLC 色谱图可以看出，发酵后的番石榴叶多酚种类明显多于发酵前。其中槲皮素 -3-O-β-D- 吡喃木糖苷、槲皮素 -3-O-α-L- 阿拉伯吡喃糖苷、异槲皮苷、扁蓄苷、山奈酚 -3- 阿拉伯呋喃糖苷、槲皮素和山奈酚以及一些未鉴别的酚类主要以可溶性多酚形式存在于番石榴叶中，而没食子酸、绿原酸、L- 表儿茶素、芦丁等多酚类化合物主要以不溶性多酚类化合物存在于番石榴叶中。发酵 8 天时番石榴叶与未发酵番石榴叶可溶性多酚与不可溶性结合态多酚组分含量测定见表 6-4。可以发现，经过微生物发酵后，番石榴叶中槲皮素 -3-O-α-L- 阿拉伯吡喃糖苷，槲皮素 -3-O-β-D- 吡喃木糖苷、异槲皮苷、扁蓄苷，槲皮素和山奈酚 -3- 阿拉伯呋喃糖苷含量明显提高（$p < 0.01$）。同时，相对于未发酵番石榴叶，发酵番石榴叶槲皮素含量提高了 4.97 倍。这是因为红曲菌与芽孢菌可以产生 β- 葡萄糖苷酶可以将番石榴叶中黄酮糖苷转化为黄酮苷元（槲皮素与山奈酚）。据报道，植物基质多酚很少以可溶性多酚形式存在，大多数酚类化合物均以其不溶性结合形式存在[254]。在本研究中，芦丁，槲皮素 -3-O-β-D- 吡喃木糖苷，槲皮素 -3-O-α-L- 阿拉伯吡喃糖苷、异槲皮苷、扁蓄苷，山奈酚 -3- 阿拉伯呋喃糖苷和没食子酸均以可溶性与不可溶性多酚两种形式存在于番石榴叶中。

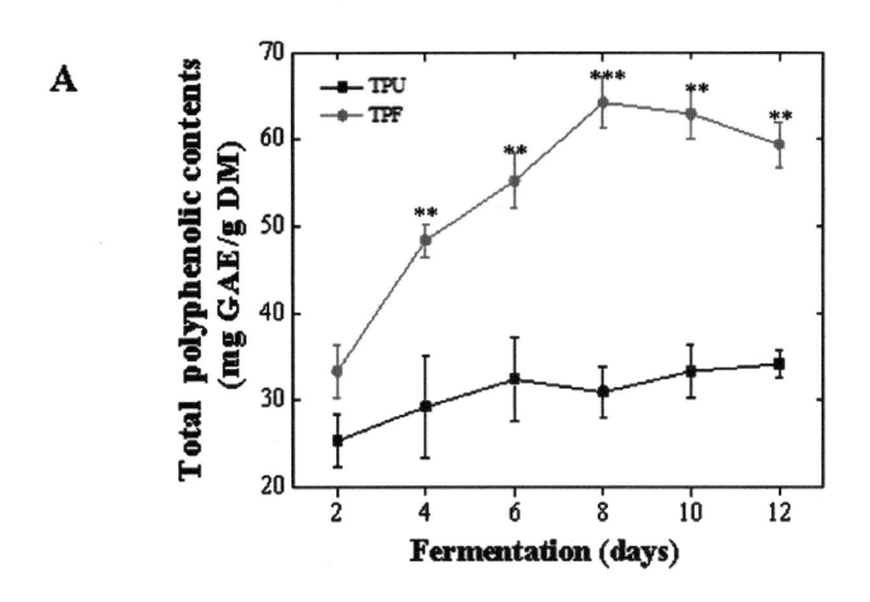

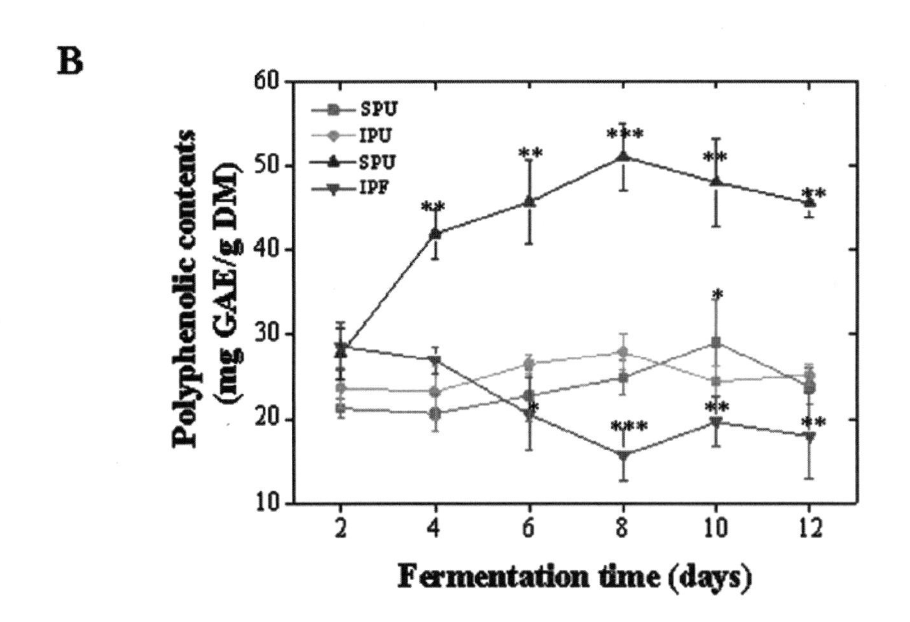

图 6-5 发酵番石榴叶总多酚（A），可溶性多酚以及不可溶性 - 结合态多酚的变化趋势。
注：所有显著性统计学分析均与未发酵组对照（$*p < 0.05$, $**p < 0.01$, $***p < 0.001$）；未发酵番石榴叶总多酚（TPU）、发酵番石榴叶总多酚（TPF）、未发酵番石榴叶可溶性多酚（SPU）、未发酵番石榴叶不可溶性 - 结合态（IPU）、发酵番石榴叶可溶性多酚（SPF）和发酵番石榴叶不可溶性 - 结合态多酚（IPF）

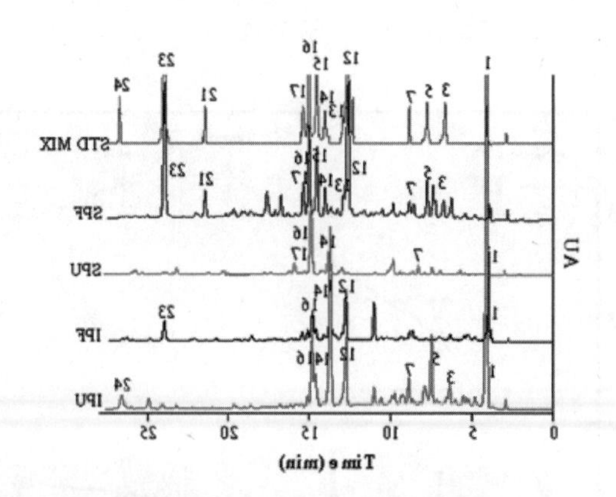

图 6-6 未发酵与发酵番石榴叶可溶性多酚与不可溶性 - 结合态多酚提取液 HPLC 色谱图。

注：STD MIX，多酚标准混合液；1、没食子酸；3，绿原酸；5、表儿茶素；7，3- 羟乙基 - 槲皮素 - 葡糖苷酸；12，芦丁；13，异槲皮苷；14，槲皮素 -3-O-β-D- 吡喃木糖苷；15，槲皮素 -3-O-α-L- 阿拉伯吡喃糖苷；16，雪莲素；17，槲皮苷；21，山奈酚 -3- 阿拉伯糖呋喃糖苷；23，槲皮素；24，山奈酚。

表 6-4 番石榴中不同形态多酚提取液（IPU，PU，IPF，SPF）各主要多酚的含量

Components	Samples			
	IPU	SPU	IPF	SPF
Gallic acid	6.34 ± 0.08Aa	0.45 ± 0.03Dc	3.18 ± 0.13Ba	2.59 ± 0.09Cb
Chlorogenic acid	N.D.	0.17 ± 0.02Bd	cN.D.	0.82 ± 0.03Ad
L-epicatechin	2.06 ± 0.04Ab	0.59 ± 0.08Cc	N.D.	1.67 ± 0.11Bc
Rutin	1.53 ± 0.04Bc	1.38 ± 0.10Ba	0.14 ± 0.02Cd	2.57 ± 0.06Ab
Isoquercitrin	0.57 ± 0.06Bd	0.34 ± 0.03Bd	0.32 ± 0.04Bc	1.52 ± 0.10Ac
Quercetin-3-O-α-L-arabinofuranoside	1.58 ± 0.11Ac	0.26 ± 0.04Bd	1.54 ± 0.08Ab	1.04 ± 0.07Ac
Quercetin-3-O-β-D-xylopyranoside	0.68 ± 0.02Cd	1.15 ± 0.08Ba	0.19 ± 0.06Dd	3.27 ± 0.18Aa
Avicularin	0.29 ± 0.03Ce	0.89 ± 0.14Bb	0.38 ± 0.03Cc	2.48 ± 0.11Ab
Quercitrin	0.34 ± 0.03Ce	1.27 ± 0.07Ba	0.47 ± 0.06Cc	1.78 ± 0.08Ac
Kaempferol-3-arabofuranoside	0.21 ± 0.08Ce	0.45 ± 0.05Bc	0.25 ± 0.04Cd	1.54 ± 0.06Ac
Quercetin	0.23 ± 0.07Ae	0.68 ± 0.03Bc	0.43 ± 0.07Cc	3.38 ± 0.15Aa
Kaemferol	0.31 ± 0.04Ae	0.28 ± 0.05Ad	0.17 ± 0.04Bd	0.28 ± 0.02Ae

6.3.6 发酵番石榴叶生物活性增强以及桔毒素检测

6.3.6.1 抗氧化活性

由于单种抗氧性模式反映样品的抗氧化能力有许多局限性，所以本研究采用三种抗氧化实验模式体外评价各样品提取液抗氧化能力。

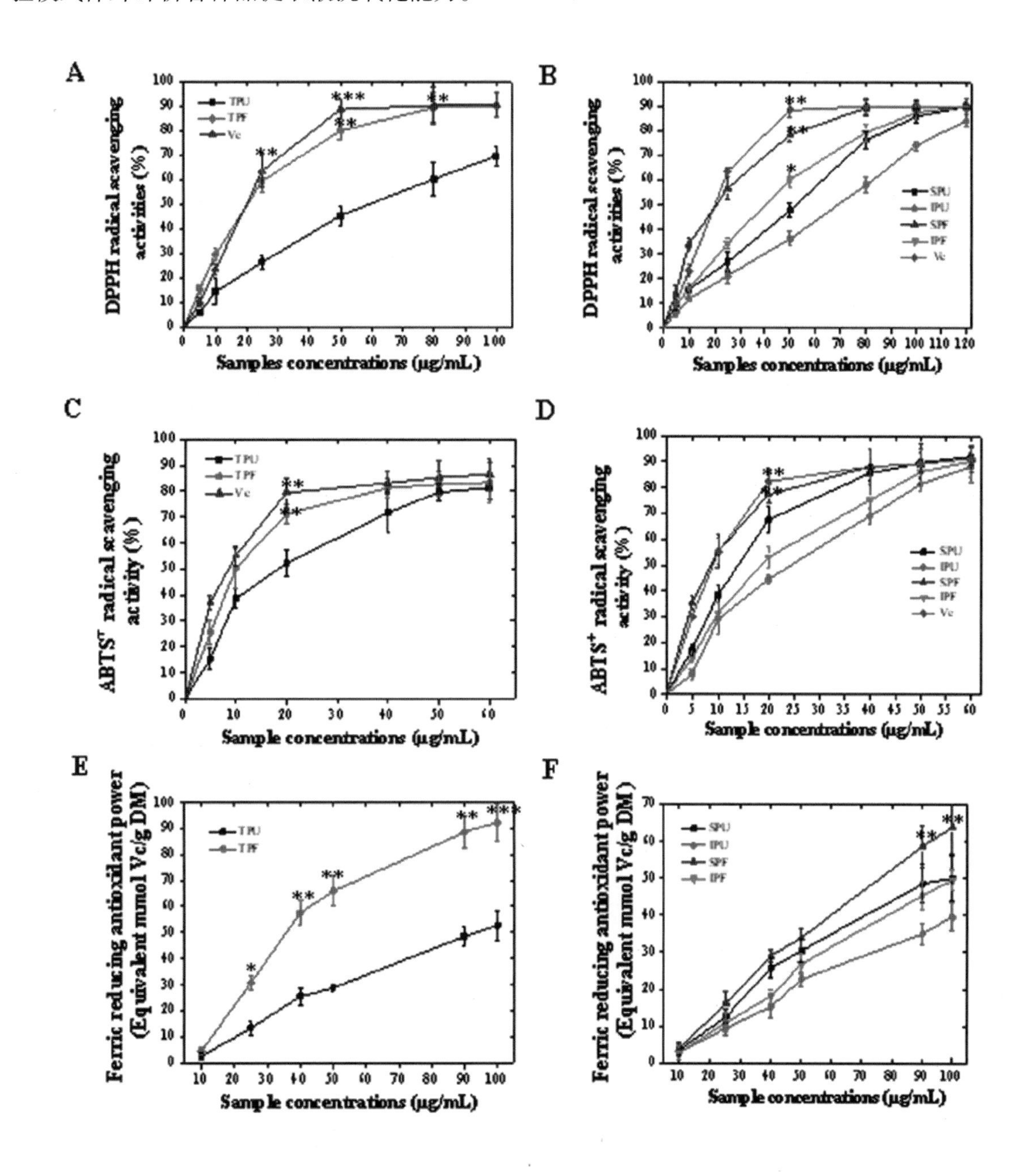

图 6-7 不同浓度的样品提取液与 Vc 溶液的 DPPH（A，B）与 ABTS+（C，D）自由基清除能力以及铁离子还原氧化力（E，F）。

注：$*p < 0.05$, $**p < 0.01$, $***p < 0.001$ 分别表示数据的显著性差异分析。TPU，未发酵

番石榴叶总多酚提取液、TPF，发酵番石榴叶总多酚提取液、SPU，未发酵番石榴叶可溶性多酚提取液、IPU，未发酵番石榴叶不可溶性－结合态多酚提取液、SPF，发酵番石榴叶可溶性多酚提取液、IPF，发酵番石榴叶不可溶性－结合态多酚提取液。

如图 6-7AB 所示，TPF 样品的 DPPH 自由基清除活性明显高于 TPU 样品。当 TPF 样品多酚浓度为 50 μg/mL 和 80 μg/mL 时，DPPH 自由基清除能力分别为 78.46% 和 89.49%。但在相同浓度下，TPU 样品的 DPPH 清除能力仅为 45.31% 和 60.09%。TPF 样品的 DPPH 自由基清除能力［IC_{50} =（31.98 ± 1.01）μg/mL］明显高于 TPU 样品［IC_{50} =（67.38 ± 0.12）μg/mL］（$p < 0.01$）。已有研究报道了可食用叶类或者茶类产品的抗氧化活性主要与多酚类化合物的含量存在密切相关。本研究中，番石榴叶通过微生物发酵转化后，其总多酚的含量显著增加（图 6-7A）。此外，我们也发现 SPU 的 DPPH 清除能力明显强于 TPU 与 TPF。而 SPF［IC_{50} = 34.31 ± 0.51 μg/mL］与 SPU［IC_{50} =（55.43 ± 0.34）μg/mL］的 DPPH 自由基清除活力明显高于 IPU（IC_{50} = 49.99 ± 0.47 μg/mL）以及 IPF［IC_{50} =（70.36 ± 1.26）μg/mL］（表 6-5）。

表 6-5 样品提取液 DPPH 与 $ABTS^+$ 自由基清除能力的 IC_{50} 值以及铁还原氧化力

Samples	DPPH IC_{50} (μg/mL)	$ABTS^+$ IC_{50} (μg/mL)	FRAP (mmol Vc /g DM)
TPU	67.38 ± 0.12Aa	27.60 ± 0.06Ca	52.71 ± 1.02Bc
TPF	31.98 ± 1.01Bc	19.64 ± 0.09Cb	92.43 ± 2.15Aa
SPU	55.43 ± 0.34Ab	19.98 ± 0.12Bb	50.01 ± 0.92Ac
IPU	70.36 ± 1.26Aa	29.04 ± 0.17Ca	39.61 ± 1.24Bd
SPF	34.31 ± 0.51Bc	14.55 ± 0.33Cc	63.77 ± 2.39Ab
IPF	49.99 ± 0.47Ab	25.09 ± 0.81Ba	49.42 ± 1.45Ac
Vc	30.74 ± 0.39Ac	14.63 ± 0.08Bc	–

TPF 样品（IC_{50} = 19.64 ± 0.09 μg/mL）的 $ABTS^+$ 自由基清除能力明显高于 TPU（IC_{50} = 27.60 ± 0.06 μg/mL）（$p < 0.001$）。而 SPF（IC_{50} = 14.55 ± 0.33 μg/mL）或 SPU（IC_{50} = 19.98 ± 0.12 μg/mL）样品的 $ABTS^+$ 自由基清除活力明显高于 IPU（IC_{50} = 29.04 ± 0.17 μg/mL）或 IPF（IC_{50} = 25.09 ± 0.81 μg/mL）样品（图 6-7CD）($p < 0.01$)（表 6-5）。$ABTS^+$ 自由基清除能力与 DPPH 自由基清除活性变化趋势基本一致。

样品铁还原氧化能力（FRAP）结果如图 6-7EF 所示。结果表明，TPF 样品的 FRAP（92.43 ± 2.15 mmol Vc/g DM）明显高于 TPU（52.71 ± 1.02 mmol Vc/g DM）。SPU（63.77 ± 2.39 mmol Vc/g DM）与 SPF（50.01 ± 0.92 mmol Vc/g DM）样品的 FRAP 明显高于 IPU（39.61 ± 1.24 mmol VC/g DM）与 IPF（49.42 ± 1.45 mmol Vc/g DM）（表 6-5）。Ramos 等人发现洋葱提取液抗氧化活性主要与其黄酮类化合物的含量有关，而且黄酮苷元抗氧化能力明显远高于黄酮糖苷类化合物。本研究中，由于发酵后番石榴叶可溶性多酚提取液中黄酮类苷元的含量占主导地位，因此其抗氧化活性也最高。

6.3.6.2 DNA 损伤抑制作用

Fenton 试剂诱导处理可以将超螺旋 DNA 形式断裂成为开环或线性形式。SPF、IPF、SPU 与 IPU 各部分提取液对超螺旋 DNA 损伤的保护作用如图 6-8AB 所示。

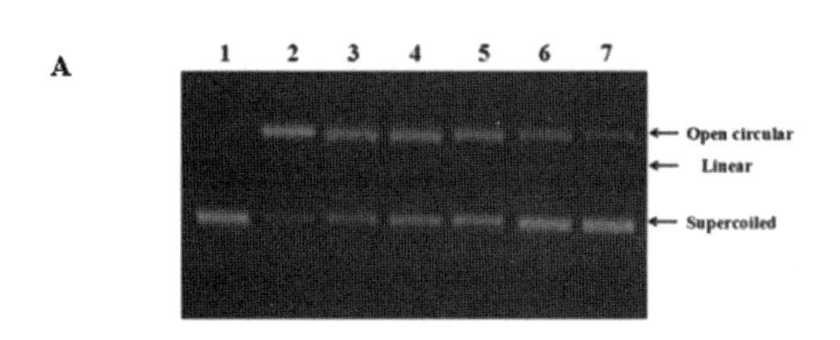

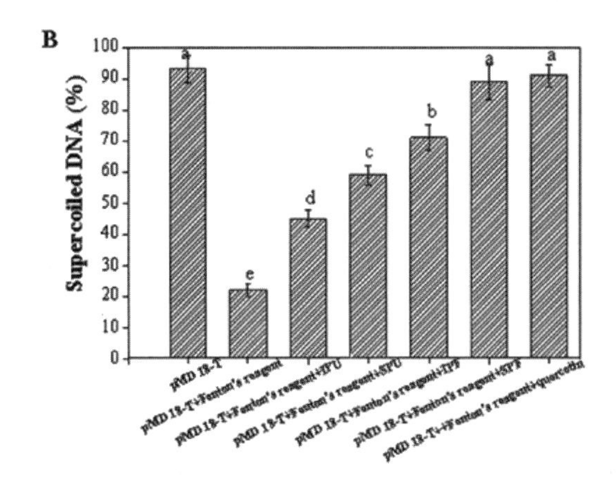

图 6-8 样品 SPF，IPF，SPU 与 IPU 提取液对由 Fenton 试剂诱导 DNA 氧化损伤的保护作用。琼脂糖凝胶电泳图（A）与超螺旋 DNA 百分比（B）

注：泳道 1：pMD18-T；泳道 2：pMD 18-T +Fenton 试剂；泳道 3：pMD18-T +Fenton 试剂 + IPU 提取液；泳道 4：pMD18-T +Fenton 试剂 + SPU 提取液；泳道 5：pMD18-T +Fenton 试剂 + IPF 提取液，泳道 6：pMD18-T +Fenton 试剂 + SPF 提取液；泳道 7：pMD 18-T +Fenton 试剂 + 槲皮素

当仅仅添加 Fenton 试剂与超螺旋 DNA 混合液反应时，其超螺旋 DNA 几乎完全被氧化断裂成开环与线性 DNA 形式。IPU 添加组超螺旋 DNA 比例为 45.37 ± 1.69%，但 SPU 添加组对超螺旋 DNA 氧化的抑制作用明显强于 IPU 添加组（$p < 0.05$）。然而，SPU 添加组超螺旋 DNA 比例为 89.29 ± 3.63%，与对照组（仅质粒 pMD-18T）相比无显着性差异。此外，SPF 添加组对超螺旋 DNA 氧化的抑制作用明显强于 SPU 和以及 IPU 添加组（$p < 0.05$）。这可能是由于微生物发酵后，SPU 样品中多酚类化合物的释放与核心组分含量增加造成。研究表明，黄酮苷元对超螺旋 DNA 氧化的保护作用明显强于黄酮糖苷类化合物 [255, 256]。本章实验中，SPF 添加组对超螺旋 DNA 氧化的抑制作用明显高于 IPF 添加组。这可能是由于经过微生物发酵后，SPF 样品多酚总量以及黄酮苷元（特别是槲皮素）的含量增加造成的原因。Singh 等人也研究报道，通

过微生物发酵后，豌豆多酚类与黄酮类化合物含量明显提高，使其具有更强的DNA氧化损伤保护作用。因此，高含量的多酚和黄酮苷元有助于提高其对超螺旋DNA氧化的抑制作用。

6.3.6.3 桔霉素含量检测

红曲菌固态或者液态发酵过程中均能产生许多功能性次级代谢产物包括各种食用色素、GABA、洛伐他丁以及莫纳可林K。其中红曲色素除了具备着色功能及高安全性外，近年来，随着研究的深入，还发现红曲色素具有许多极具价值的生物活性，例如洛伐他丁以及莫纳可林K具有较强的降血压以及降血糖功效。桔霉素最初是作为一种抗生素被发现的，后来随着研究的深入，发现了桔霉素具有肾毒性，之后就将其视为一种真菌毒素。桔霉素有强烈的肾毒性，研究发现肾脏是桔霉素的靶器官，许多研究中的动物实验表明，桔霉素具有肾脏毒性，比如肾衰竭及肾脏变大[257]。

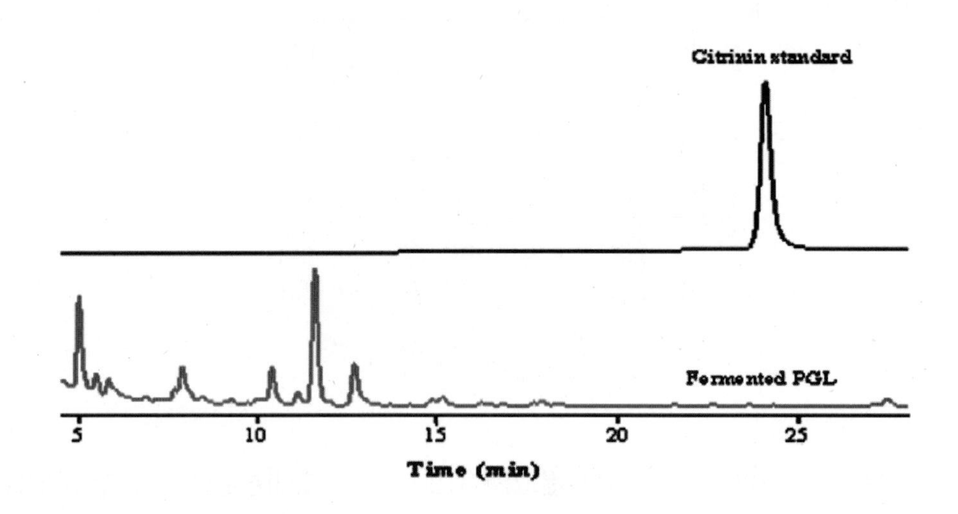

图6-9 红曲霉菌-芽孢菌共发酵番石榴叶桔霉素产量

如图6-9所示，本章通过红曲菌与芽孢菌固态共发酵番石榴叶过程中，并未检测到桔霉素。这可能由于混菌发酵抑制了桔霉素产生；也可能由于固态发酵基质种类、发酵过程中pH、微生物种类的影响。研究报道证实，通过微生物混合发酵来降低桔霉素的产量也是可行的。Shin等人的研究发现，红曲菌与米曲霉或酵母共培养，红曲霉色素产量增加了30～40倍，菌体量增加了2倍[258]，而红曲菌与酵母菌或乳酸菌共培养，不但促进了红曲色素的产生，还可以抑制桔霉素的生成。红曲菌固态发酵过程中桔霉素的产生与否与具体的发酵工艺也有关，在不同的发酵工艺条件下，红曲菌株产桔霉素的情况也是不同的。

6.4 本章小结

植物基质多酚分为可溶性多酚与不可溶性-结合态多酚，其中可溶性多酚类化合物很容易被提取出来，然而不溶性多酚类化合物通常与细胞壁中的纤维素、蛋白质或多糖相互作用而难以提取。本章成功地筛选合适的益生菌组合，通过微生物固态发酵优化及代谢调控，明显促进番石榴叶可溶性多酚类功效成分的释放，进而极大增强了番石榴叶生物功效。其为功能性食品加工或者中草药发酵增效提供了可行的方案。主要结论如下。

（1）本章从番石榴枯叶中成功筛选了4株产纤维素酶菌株，通过16S RNA分子鉴定，分别为节杆菌属AS1，2株芽孢菌属BS2与BS3以及粪产碱杆属AS4。其中芽孢菌BS2与红曲菌固态发酵能够最大地促进番石榴叶不溶性结合多酚类活性组分的释放，进而提高可溶性多酚含量；

（2）通过对红曲菌与芽孢菌BS2固态发酵条件进行优化，结果表明，当红曲菌与芽孢菌接种量维持在2：1，发酵基质含水量维持为60%，发酵时间为8天时，番石榴叶总可溶性多酚的释放达到最大，为53.37 mg GAE/g DM；

（3）成功鉴定了番石榴叶多酚组分分别为没食子酸，绿原酸，L-表儿茶素，杨梅素，芦丁，槲皮素-3-阿拉伯吡喃糖苷，槲皮素-3-O-β-D-吡喃木糖苷，山奈酚-3-阿拉伯呋喃糖苷，异槲皮苷，扁蓄苷，槲皮苷，山奈酚和槲皮素；

（4）HPLC定量分析结果表明番石榴叶大部分多酚类化合物均以两种形式存在于番石榴叶基质中，且发酵后槲皮素-3-O-β-D-吡喃木糖苷、槲皮素-3-O-α-L-阿拉伯吡喃糖苷、异槲皮苷、扁蓄苷、山奈酚-3-阿拉伯呋喃糖苷、槲皮素与山奈酚以可溶性多酚形式的含量均明显提高，然而发酵会造成没食子酸含量明显降低。

（5）红曲菌与芽孢菌共发酵显著地增强了番石榴叶可溶性多酚的抗氧化能力（DPPH与$ABTS^+$自由基清除能力）、铁离子氧化还原能力以及抗DNA氧化损伤能力，而且发酵后番石榴叶可溶性多酚生物活性也明显强于不可溶性-结合态多酚；

（6）红曲菌与芽孢菌共发酵番石榴叶过程中，未检测到真菌毒素桔霉素的产生。

因此，红曲菌与芽孢菌共发酵不仅可以提升番石榴叶生物学活性，而且还避免了传统渥堆发酵茶类产品真菌毒素的产生。

第七章 发酵番石榴叶可溶性多酚释放的酶学机制

7.1 引言

许多研究结果已经表明，中草药、茶类产品或者谷物类中的多酚化合物是非常重要的天然抗氧化剂[259-261]。但是，大多数酚类化合物与植物基质细胞壁组分，如纤维素、半纤维素、木质素、果胶和蛋白质结构交联结合以不溶性结合态多酚形式存在。第四章与第五章，我们已经证实番石榴叶抗氧化活性以及降血糖活性主要与其多酚或者黄酮类化合物含量相关。而微生物发酵是一种温和以及无污染的加工方式，可以极大地促进中草药、茶类产品或者谷物类多酚化合物的释放，进而提高其产品生物活性[262-264]。第七章中，我们已经通过红曲菌与芽孢菌 BS2 共发酵方式极大地促进番石榴叶可溶性多酚的释放，然而并未阐明番石榴叶发酵过程中产生的水解酶系与可溶性多酚释放的关系及其酶学释放机制。

本研究将着重研究红曲菌与芽孢菌 BS2 共发酵番石榴叶过程中可溶性多酚与不可溶性 - 结合态多酚变化规律；共发酵过程中微生物产生的关键水解酶系特征与变化规律；并探究微生物共发酵番石榴叶过程中可溶性多酚释放的酶学机制。以期待充实天然产物固态发酵增效作用机制。为提升和开拓番石榴叶以及其他天然产物资源的利用提供创新技术方法。

7.2 材料与方法

7.2.1 菌种

同第六章 6.2.1 节。

7.2.2 培养基

同第六章 6.2.2 节。

7.2.3 试剂与材料

本章所使用的主要实验材料与试剂如表 7-1 所示。

表 7-1　实验材料与试剂

材料与试剂	规格 / 型号	生产产家
福林酚试剂	AR	美国 Sigma 公司
多酚标准品	HPLC	美国 Sigma 公司
没食子酸	AR	美国阿拉丁公司
三氯化铁	AR	天津市科密欧化学试剂有限公司
柠檬酸	AR	天津市科密欧化学试剂有限公司
磷酸二氢钠	AR	天津市科密欧化学试剂有限公司
磷酸氢二钠	AR	天津市科密欧化学试剂有限公司
氯化钠	AR	天津市科密欧化学试剂有限公司
葡萄糖	AR	天津市科密欧化学试剂有限公司
木糖	AR	天津市科密欧化学试剂有限公司
对硝基苯基 -β-D- 吡喃葡萄糖苷（p-NPG）	Sigma	美国 Sigma 公司
对硝基苯酚（p-NP）	Sigma	美国 Sigma 公司
滤纸	AR	天津市科密欧化学试剂有限公司
醋酸钠	AR	天津市科密欧化学试剂有限公司
商业 α- 淀粉酶	Sigma	美国 Sigma 公司
纤维素酶	Sigma	美国 Sigma 公司
木聚糖酶	Sigma	美国 Sigma 公司
β- 葡萄糖苷酶	Sigma	美国 Sigma 公司
乙腈	HPLC	美国 Fisher Scientific 公司
乙醇	HPLC	美国 Fisher Scientific 公司
甲醇	HPLC	美国 Fisher Scientific 公司

7.2.4 实验仪器

本章所使用的主要实验仪器如表 7-2 所示。

表 7-2 主要实验仪器

仪器及型号	品牌或生产商
电子分析天平 TE612-L	德国 Sartorius 公司
真空抽滤机 SHZ-D	上海霄汉实业发展有限公司
旋转蒸发仪	德国 Heidolph 公司
超声仪 KQ-400KDE	昆山市超声仪器有限公司
冷冻离心机	美国 Thermo 公司
高效液相色谱系统	美国 Waters 2695
HPLC 二极管阵列检测器（PDA）	美国 Waters 2998
恒温水浴锅	天津奥特赛恩斯仪器有限公司
酶标板	美国 Fisher 公司
自动酶标仪	美国 Molecular Devices 公司

7.2.5 实验方法

7.2.5.1 番石榴叶固态发酵

同第六章 6.2.5.3 节。

7.2.5.2 番石榴叶不同形式多酚提取与测定

同第六章 6.2.5.4 与 6.2.5.5 节。

7.2.5.3 发酵番石榴叶基质粗酶液的提取

发酵基质粗酶液的提取：向装有不同发酵时期固态基质的摇瓶中添加 50 mL 50 mM 柠檬酸缓冲液（pH 5.0），置于恒温摇床上，180 r/min，30 ℃下孵育 1 h。然后 4 ℃，10000 r/min 下离心 20 min，去除残渣，获得清液即为发酵基质粗酶提取液，置于 -20 ℃下待测。

7.2.5.4 发酵过程中各种关键水解酶系酶活测定

总纤维素酶活力测定：根据以前文献描述的方法，稍作修改[265]。简要操作如下：取 500 μL 上述稀释的粗酶液（20 mM PBS 缓冲液稀释，pH 6.9）与 1 g 干滤纸碎片（20 mmol/L PBS 缓冲液稀释，pH 6.9）均匀混合，置于 50 ℃恒温水浴锅孵育 20 min。灭活的粗酶液按照上述相同操作工序作为实验空白对照。用分光光度计测定其在 540 nm 处吸光值，计算在纤维素酶水解作用下释放的葡萄糖含量。其中，1 U 的纤维素酶酶活力定义为在上述条件下，每分钟释放 1 mmol 葡萄糖所需要的酶量。发酵基质总纤维素酶酶活力用 U/g 发酵基质表示。

α-淀粉酶酶活力测定：根据以前文献描述的方法，稍作修改[266]。简要操作如下：取 500 上述稀释的粗酶液（20 mmol/L PBS 缓冲液稀释，pH 6.9）与 300 μL 1% 可溶性淀粉（w/v，20 mmol/LNaH_2PO_4 以及 6 mmol/L NaCl，pH 6.9）均匀混合，置于 50 ℃恒温水浴锅孵育 10 min。测定其在 540 nm 处吸光值，计算在 α-淀粉酶水解作用下释放的葡萄糖含量。灭活的粗酶液按照上述相同操作工序作为实验空白对照。其中，1 U 的 α-

淀粉酶酶活力定义为在上述条件下,每分钟释放1 mmol葡萄糖所需要的酶量。发酵基质 α－淀粉酶酶活力用 U/g 发酵基质表示。

木糖酶活力测定：根据以前文献描述的方法，稍作修改[266]。简要操作如下：取 500 μL 上述稀释的粗酶液（50 mmol/L 柠檬酸缓冲液稀释，pH 4.8）与 500 μL 1% 木聚糖（w/v，50 mmol/L 柠檬酸缓冲液，pH 4.8）均匀混合，置于 50 ℃恒温水浴锅孵育 30 min。测定其在 540 nm 处吸光值，计算在木聚糖酶水解作用下释放的木糖含量。灭活的粗酶液按照上述相同操作工序作为实验空白对照。其中，1 U 的木聚糖酶酶活力定义为在上述条件下，每分钟释放 1 mmol 木糖所需要的酶量。发酵基质木聚糖酶酶活力用 U/g 发酵基质表示。

β－葡萄糖苷酶活力测定：根据以前文献描述的方法，稍作修改[267]。简要操作如下：取 200 μL 上述稀释的粗酶液（50 mmol/L 柠檬酸缓冲液稀释，pH 4.8），800 μL 200 mmol/L 醋酸钠缓冲液（pH 4.8）以及 100 μL 9 mmol/L p–NPG 混合均匀，置于 45 ℃恒温水浴锅恒温水浴预热 30 min。完全反应后，通过添加 500 μL 1 M 碳酸钠终止反应。测定其在 420 nm 处的吸光值，计算在 β－葡萄糖苷酶水解作用下释放的 p–NP 的含量。灭活的粗酶液按照上述相同操作工序作为实验空白对照。β－葡萄糖苷酶能够将 p–NPG 水解成对硝基苯酚和葡萄糖，在碱性条件下对硝基苯酚变成黄绿色，在 420 nm 处有吸收峰，用比色法即可计算出 β－葡萄糖苷酶的酶活。其中，1 U 的 β－葡萄糖苷酶酶活力定义为在上述条件下，每分钟释放 1 mmol p–NP 所需要的酶量。发酵基质 β－葡萄糖苷酶酶活力用 U/g 发酵基质表示。

7.2.5.5 商业水解酶处理番石榴叶

将新鲜未发酵的番石榴叶样品置于 60 ℃烘箱中烘干 15 h 后，用小型粉碎机将样品粉碎后过 40 目铁丝网筛，得到大小均匀的番石榴叶样品粉末。取 1 g 该样品粉末置于 2 mL 离心管中，分别加入 1 mL 不同浓度的商业水解酶溶液(木糖酶、α－淀粉酶、纤维素酶以及 β－葡萄糖苷酶)或者复合酶液，其中所有商业水解酶液均分别溶于 50 mmol/L 檬酸缓冲液（pH 5.0）。复合酶液为纤维素酶、木糖酶以及 β－葡萄糖苷酶混合而成。将反应体系置于黑暗环境中，在 30 ℃下反应 6 h。反应完全后，于 105 ℃烘箱烘烤 5 min，将反应体系中的水解酶系灭活。用相同浓度灭活的水解酶处理番石榴叶作为实验空白对照。

7.2.5.6 HPLC 定量分析

同第六章 6.2.5.3 节。

7.2.6 统计学分析

所有测试数据均用三次独立实验的平均值 ± 标准误差表示。样品显著性差异分析使用单因素方差分析获得。所有数据均采用 Excel 和 IBM SPSS 17.0 统计软件（美国）进行统计学分析获得。

7.3 结果与讨论

7.3.1 番石榴叶发酵过程中总可溶性与不可溶性多酚变化

本节对番石榴叶发酵过程中总可溶性多酚与不可溶性－结合态多酚分别进行跟踪测定，结果如图 7–1 所示。通过红曲菌与芽孢菌 BS2 共发酵后，番石榴叶可溶性多酚含量随着发酵时间增加而增加，在发酵第 8 天时含量达到最高，为 53.08 mg GAE/g DM。而不可溶性多酚含量却明显减少，在发酵第 8 天时达到最低，含量仅仅为 16.75 mg GAE/g DM。可溶性多酚组分中槲皮素的含量释放最大，发酵第 8 天含量达到 3.21 mg/g DM，其次为黄酮糖苷类化合物（芦丁、槲皮素 -3-O- 木糖苷、槲皮素 -3-O- 阿拉伯吡喃糖苷以及扁蓄苷）。这可能是由于微生物发酵过程产生的水解酶系能够切除结合态多酚与植物基质中纤维素，半纤维素或者蛋白质之间的共价键，从而释放出更多的可溶性多酚。当发酵时间超过 8 天后，其可溶性多酚含量明显降低。这可能是由两个原因造成：第一，微生物也产生一些氧化酶可以将多酚类化合物氧化，例如没食子酸；第二，随着发酵基质的减少，微生物将可能利用番石榴叶里面的多酚化合物作为碳源进行利用，进而造成多酚化合物含量明显降低。

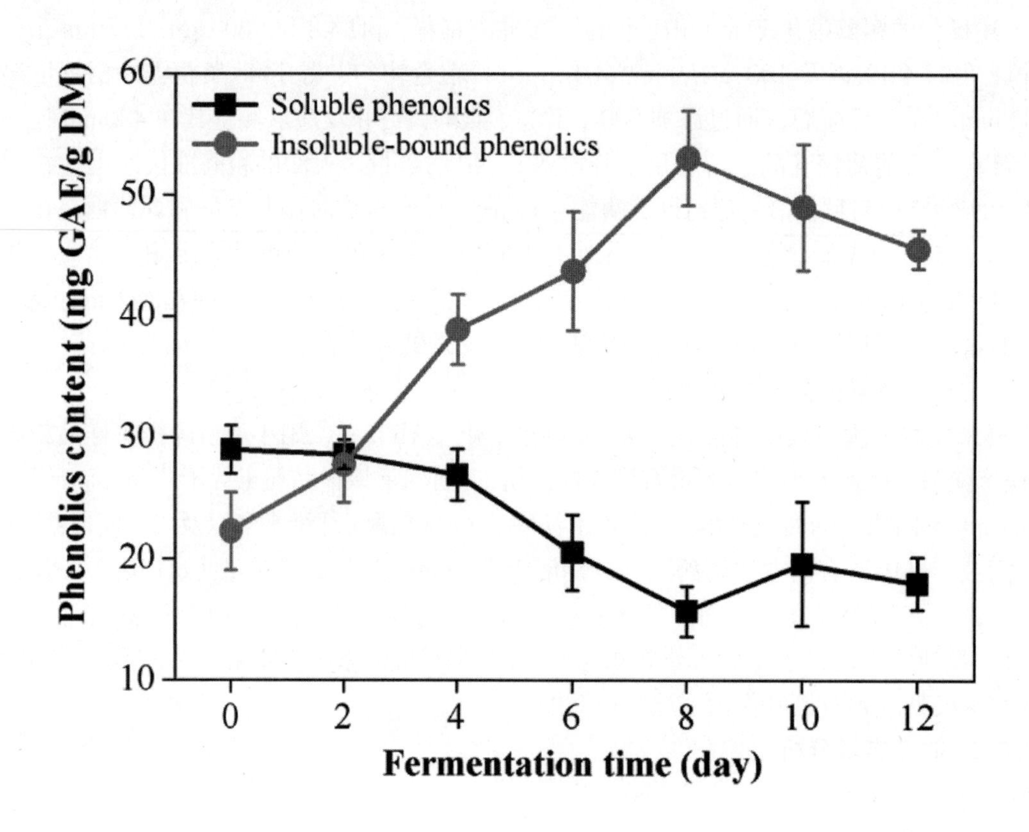

图 7-1 发酵过程中番石榴叶总可溶性多酚与不可溶性结合态多酚变化趋势

表 7-3 发酵过程中番石榴叶主要多酚组分含量变化

Compounds (mg/g DM)	Stage	Fermentation time (days)					
		0	2	4	6	8	10
Gallic acid	TSP	4.18 ± 0.11	4.89 ± 0.56	5.13 ± 0.31	4.10 ± 0.25	3.87 ± 0.36	3.27 ± 0.21
	TIP	2.37 ± 0.01	2.13 ± 0.05	2.01 ± 0.01	1.87 ± 0.01	1.76 ± 0.01	0.97 ± 0.01
Chlorogenic acid	TSP	ND	0.13 ± 0.01	0.47 ± 0.01	0.61 ± 0.01	0.83 ± 0.01	0.64 ± 0.01
	TIP	ND	ND	ND	ND	ND	ND
p-hydroxybenzoic acid	TSP	ND	0.08 ± 0.01	0.12 ± 0.02	0.21 ± 0.04	0.24 ± 0.03	0.19 ± 0.02
	TIP	ND	ND	ND	ND	ND	ND
Rutin	TSP	1.61 ± 0.04	1.71 ± 0.01	1.87 ± 0.03	1.91 ± 0.04	2.13 ± 0.07	1.98 ± 0.05
	TIP	1.07 ± 0.01	0.98 ± 0.02	0.87 ± 0.06	0.76 ± 0.08	0.71 ± 0.03	0.57 ± 0.02
Isoquercitrin	TSP	1.01 ± 0.01	0.97 ± 0.01	1.01 ± 0.01	0.98 ± 0.01	1.27 ± 0.01	0.79 ± 0.01
	TIP	0.34 ± 0.01	0.31 ± 0.01	0.27 ± 0.01	0.28 ± 0.01	0.19 ± 0.01	0.21 ± 0.01
Sinapic acid	TSP	ND	0.07 ± 0.01	0.09 ± 0.01	0.11 ± 0.01	0.14 ± 0.02	0.12 ± 0.01
	TIP	ND	ND	ND	ND	ND	ND
Ferulic acid	TSP	ND	0.15 ± 0.02	0.21 ± 0.07	0.27 ± 0.08	0.31 ± 0.03	0.23 ± 0.01
	TIP	ND	ND	ND	ND	ND	ND
Quercetin-3-O-β-D-xylopyranoside	TSP	0.69 ± 0.02	0.76 ± 0.08	1.87 ± 0.06	2.04 ± 0.13	2.57 ± 0.12	2.01 ± 0.07
	TIP	0.51 ± 0.02	0.47 ± 0.01	0.41 ± 0.01	0.38 ± 0.04	0.31 ± 0.02	0.27 ± 0.02
Quercetin-3-O-α-L-arabinopyranoside	TSP	0.67 ± 0.03	0.81 ± 0.02	0.92 ± 0.04	1.07 ± 0.01	1.12 ± 0.12	1.01 ± 0.05
	TIP	0.32 ± 0.05	0.31 ± 0.02	0.26 ± 0.01	0.21 ± 0.01	0.22 ± 0.02	0.18 ± 0.03
Avicularin	TSP	0.71 ± 0.03	0.77 ± 0.04	1.02 ± 0.04	1.37 ± 0.02	1.51 ± 0.16	1.02 ± 0.04
	TIP	0.51 ± 0.02	0.45 ± 0.01	0.41 ± 0.02	0.38 ± 0.04	0.41 ± 0.02	0.19 ± 0.01
Quercitrin	TSP	0.53 ± 0.05	0.57 ± 0.02	0.61 ± 0.03	0.69 ± 0.07	0.81 ± 0.13	0.43 ± 0.03
	TIP	0.37 ± 0.01	0.35 ± 0.01	0.29 ± 0.02	0.25 ± 0.04	0.25 ± 0.03	0.09 ± 0.01
Quercetin	TSP	0.53 ± 0.03	0.87 ± 0.03	1.76 ± 0.04	2.97 ± 0.02	3.21 ± 0.11	3.01 ± 0.09
	TIP	0.47 ± 0.05	0.35 ± 0.01	0.29 ± 0.02	0.27 ± 0.04	0.28 ± 0.03	0.19 ± 0.01
Kaempferol	TSP	0.08 ± 0.01	0.13 ± 0.01	0.16 ± 0.02	0.21 ± 0.03	0.26 ± 0.02	0.18 ± 0.02
	TIP	0.17 ± 0.04	0.10 ± 0.03	0.08 ± 0.02	0.08 ± 0.01	0.10 ± 0.01	0.09 ± 0.01

注：TSP，总可溶性多酚；TIP，总不可溶性－结合态多酚；ND，没有检测出来

7.3.2 番石榴叶发酵过程中相关水解酶系变化

为了阐明番石榴叶发酵过程中，微生物产生的酶系与番石榴叶多酚释放的关系，我们对发酵过程中微生物产生的关键水解酶系酶活力进行跟踪测定，结果如图 7-2 所示。番石榴叶发酵过程中总纤维素酶活力、木糖酶活力与 α - 淀粉酶活力明显相对较高，而 β - 葡萄糖苷酶活力相对较低。而且这 4 种碳水化合物水解酶酶活力呈现先增加后降低的变化趋势，均是在发酵第 8 天达到最大。当发酵时间超过 8 天后，酶活随着发酵的增加呈现下降趋势。其中总纤维素酶活力在发酵第 8 天时达到了 31.32 U/g；α - 淀粉酶活力达到 83.05 U/g；木聚糖酶活力为 5.27 U/g，然而 β - 葡萄糖苷酶活力却为 0.19 U/g。结果表明微生物能够产生大量的碳水化合物水解酶系对发酵基质进行水解，切除多酚化合物与番石榴叶细胞壁之间交联的化学键，进而促进番石榴叶多酚的释放。许多研究已经证实，用各种水解酶处理植物或者食品，可以促进其功能成分的释放。例如，Kim 报道用纤维素酶处理植物基质，释放其植物细胞基质中的不可溶性 - 结合态多酚，还有研究利用复合酶(纤维素酶、半纤维素酶、β - 葡萄糖苷酶) 共同处理果汁食品，进而促进其活性成分的释放 [268]。纤维素酶是一种复合酶，它能够内切或者外切细胞壁间连接的还原性或者非还原性纤维多糖链的末端，从而释放出葡萄糖以及纤维二糖结构，其可以被微生物利用。而 β - 葡萄糖苷酶是纤维素酶的一种，其能够切除纤维多糖以及黄酮糖苷之间的 1,4- 葡萄糖苷键，进而释放出更多的苷元型活性组分。本研究也发现，微生物发酵过程中产生的水解酶系与总可溶性多酚的释放的变化趋势保持一致，均是在发酵第 8 天，产量达到最大，这也进一步说明了番石榴叶总多酚的释放与微生物发酵过程中产生的水解酶系有密切的关系。

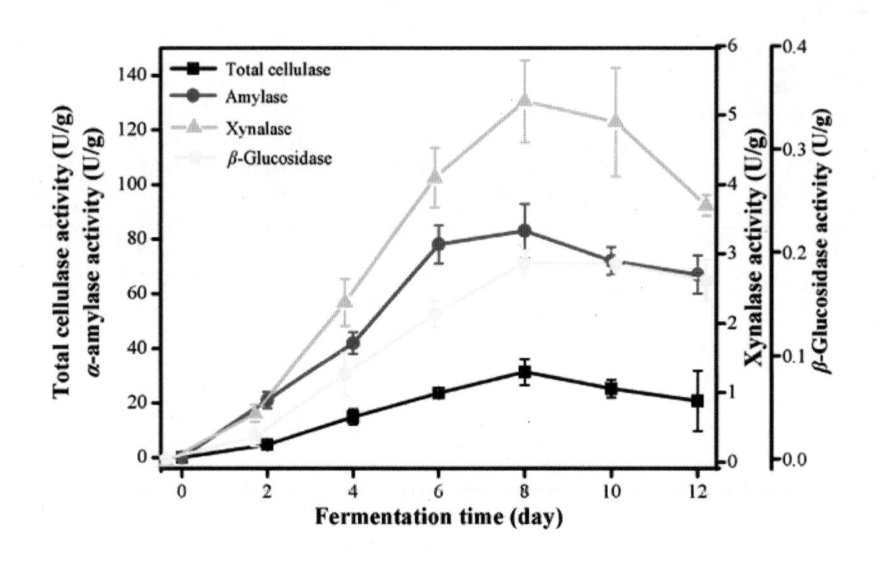

图 7-2 番石榴叶红曲菌与芽孢菌 BS2 共发酵过程中相关碳水化合物水解酶系酶活力

7.3.3 商业水解酶系与番石榴叶可溶性多酚释放关系

为了进一步阐明番石榴叶可溶性多酚释放与微生物产生的各水解酶系之间的关系，我们通过添加商业纤维素酶、α－淀粉酶、木聚糖酶以及 β－葡萄糖苷酶分别处理番石榴叶，研究其总可溶性多酚释放量与酶添加量之间相关性，结果如图 7-3 所示。结果表明商业纤维素酶、α－淀粉酶以及 β－葡萄糖苷酶添加量与释放的总可溶性多酚含量的相关性值 R 分别达到了 0.8878，0.8089 与 0.8428（$p < 0.01$），而木聚糖酶的添加量与总可溶性多酚释放相关性 R 值仅仅为 0.5192（$p < 0.5$）。这说明在红曲菌与芽孢菌 BS2 共发酵番石榴叶过程中，总可溶性多酚释放与纤维素酶、α－淀粉酶以及 β－葡萄糖苷酶有着显著的相关性，而木聚糖酶与多酚释放相关性较低。这也与许多研究报告结论一致，例如陈东方利用复合酶酶解作用使细胞壁或蛋白淀粉大量结合的抗氧化酚类物质释放出来，发现其活性组分释放与纤维素酶有显著的相关性[269]。Liu 等人利用多种复合酶（α－淀粉酶、纤维素酶、以及 β－葡萄糖苷酶）水解改变了米糠酚类物质的组成，提高了总多酚、没食子酸和槲皮素的含量，这些结论也充分说明了功能食品或者天然产物多酚的释放与水解酶有着密切的联系[270]。

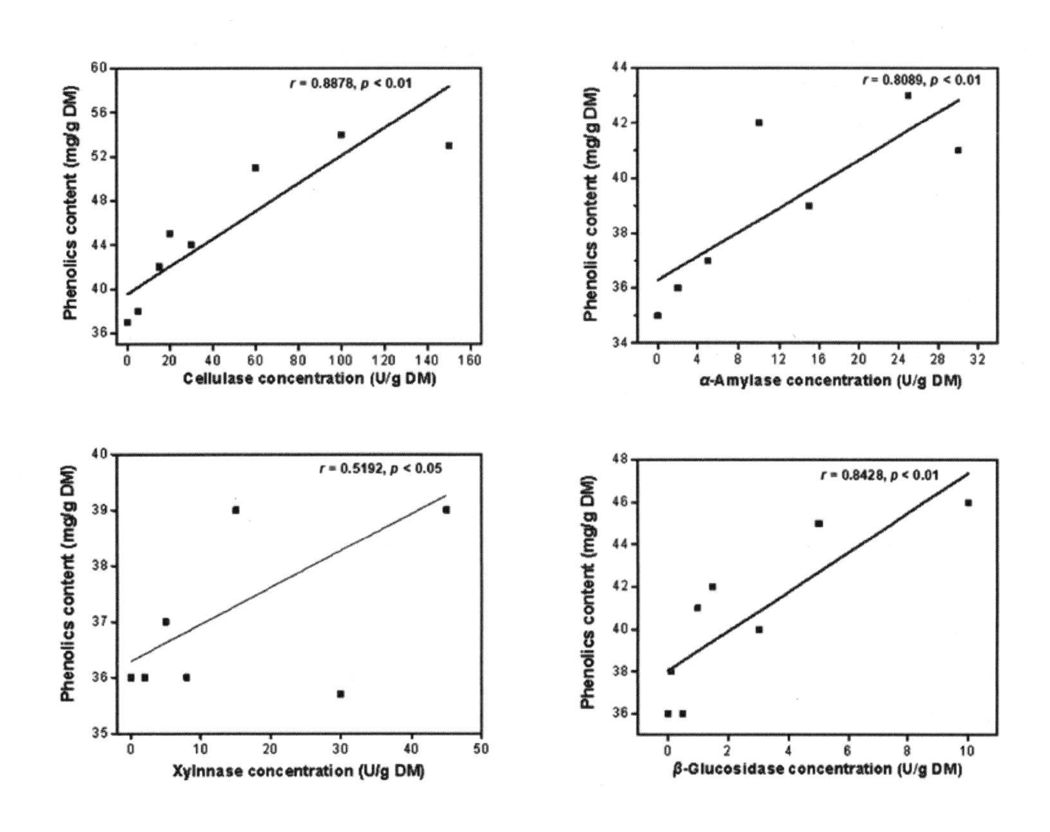

图 7-3 番石榴叶可溶性多酚释放量与相关水解酶种类与浓度的关系

7.3.4 商业复合酶处理对番石榴叶多酚组分释放的影响

前面我们已经证实，红曲菌与芽孢菌共发酵番石榴叶过程中产生了大量的碳水化合物水解酶系对植物基质多酚状态的变化有明显的影响，而且单个水解酶与基质总多酚释放也有显著的相关性。本节通过直接添加不同浓度的商业复合酶处理番石榴叶，研究其对总可溶性多酚含量与组分的影响。结果如图 7-4 所示，低浓度复合酶处理(< 50 U/g)对番石榴叶多酚释放影响不大，而高浓度复合酶(300 U/g)能够明显促进番石榴叶多酚的释放，但是其释放的总多酚含量(42.54 mg GAE/g DM ）明显低于发酵处理组（ 53.08 mg GAE/g DM ）。

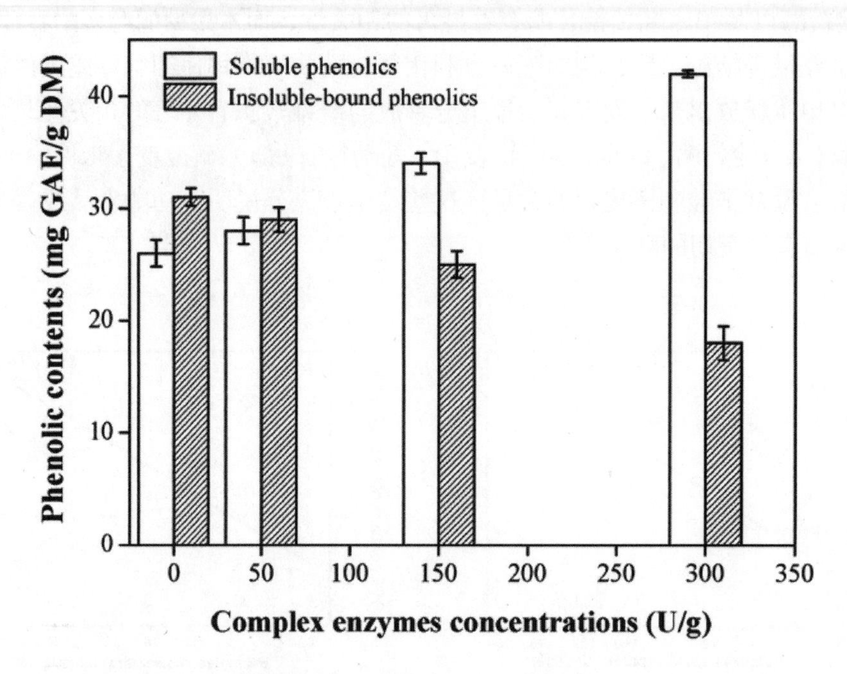

图 7-4 不同浓度复合酶处理番石榴叶后可溶性多酚与不可溶性多酚含量

许多研究表明，植物基质或者谷物类产品多酚的释放不仅与纤维素酶、α－淀粉酶以及 β－葡萄糖苷酶有关，还与一些酯酶以及蛋白酶含量有关[271]。而微生物发酵过程中产生的酶系丰富，进而能够更充分地水解与多酚化合物连接的共价键，促进多酚的释放。从表 7-4 中可以看出，高浓度复合酶处理不仅能够提高番石榴叶许多多酚组分的含量，也能促进其槲皮素糖苷定向转化为黄酮糖苷类化合物。当复合酶浓度为 300 U/g 时，番石榴叶中槲皮苷、槲皮素 -3-O- 阿拉伯吡喃糖苷以及扁蓄苷几乎被完全转化为槲皮素。

表 7-4 不同浓度复合酶处理番石榴叶后主要多酚组分含量

Phenolics compounds(mg/g DM)	Complex enzymes (U/g)			
	0	50	150	300
Gallic acid	4.20 ± 0.21	4.31 ± 0.17	4.97 ± 0.15	5.01 ± 0.32
Chlorogenic acid	ND	ND	0.04 ± 0.01	0.09 ± 0.01
p-hydroxybenzoic acid	ND	ND	0.03 ± 0.01	0.04 ± 0.01
Rutin	1.57 ± 0.06	1.61 ± 0.21	0.96 ± 0.04	0.53 ± 0.03
Isoquercitrin	1.02 ± 0.04	1.13 ± 0.09	0.97 ± 0.02	0.52 ± 0.05
Sinapic acid	ND	ND	0.02 ± 0.01	0.05 ± 0.01
Ferulic acid	ND	ND	ND	0.03 ± 0.01
Quercetin-3-O-β-D-xylopyranoside	0.71 ± 0.03	0.78 ± 0.05	0.56 ± 0.03	0.39 ± 0.02
Quercetin-3-O-α-L-arabinopyranoside	0.68 ± 0.03	0.73 ± 0.02	0.52 ± 0.05	0.05 ± 0.01
Avicularin	0.75 ± 0.02	0.81 ± 0.05	0.21 ± 0.02	ND
Quercitrin	0.54 ± 0.03	0.59 ± 0.07	0.24 ± 0.02	0.03 ± 0.01
Quercetin	0.59 ± 0.05	0.71 ± 0.01	1.03 ± 0.03	2.75 ± 0.02
Kaempferol	0.08 ± 0.01	0.09 ± 0.01	0.12 ± 0.02	0.15 ± 0.02

7.3.5 发酵促进番石榴叶可溶性多酚释放的酶学机制

通过微生物发酵或者酶加工方式促进天然谷类产物（燕麦、大豆、荞麦以及大米）活性多酚组分的释放是当前研究的热点[272, 273]。Huang 等人利用米根霉与里氏木霉固态发酵天然产物将鞣花单宁定向生物转化为鞣花酸，极大地提高鞣花酸的产量，并且发现其含量与鞣花丹宁酰基水解酶，纤维素酶以及木聚糖酶具有明显的相关性[274]。我们利用红曲菌与芽孢菌 BS2 共发酵番石榴叶，明显促进了其可溶性多酚化合物的释放，并阐明了发酵过程中产生的水解酶系与多酚的释放关系。α-淀粉酶可以通过切除淀粉、甘油、以及植物多糖的 1,4- 糖苷键将其水解为低聚糖或者单糖；纤维素酶是一种复合酶，它能够内切或者外切细胞壁间连接的还原性或者非还原性纤维多糖链的末端，从而释放出葡萄糖以及纤维二糖结构；而 β-葡萄糖苷酶是纤维素酶的一种，其能够切除纤维多糖以及黄酮糖苷之间的 1,4- 葡萄糖苷键，进而释放出更多的苷元型活性组分。即使红曲菌与芽孢菌 BS2 在番石榴叶发酵过程中 β-葡萄糖苷酶产量较低，但是我们明显能发现部分槲皮素糖苷类化合物通过 β-葡萄糖苷酶生物转化为槲皮素苷元型黄酮。通过添加商业的 β-葡萄糖苷酶处理番石榴叶，发现随着 β-葡萄糖苷酶浓度的增加，槲皮素与山奈酚的含量也明显增加。Bhanja 等通过两种丝状真菌米曲霉与烟曲霉固态发酵小麦曲，发现发酵后小麦曲多酚含量以及抗氧化活性明显提高。通过研究其发酵过程中产生的水解酶系（木聚糖酶、纤维素酶以及 β－葡萄糖苷酶）与多酚释放关系时发现，小麦曲多酚的释放与木聚糖酶以及 β－葡萄糖苷酶有极明显的相关性，而其与 α－淀粉酶相关性较低[275, 276]。综上所述，红曲菌与芽孢菌 BS2 发酵过程中多酚释放可能的酶学机制如图 7-5 所示，大致分为三种方式：第一，红曲菌与芽孢菌 BS2 共发酵过程中产生的纤维素酶能够破坏植物细胞细胞壁纤维素结构，从而使植物细胞内的次级代谢产物（多酚、黄酮以及萜类）释放出来；第二，红曲菌与芽孢菌 BS2 共发酵过程中产生的 α－淀粉酶、纤维素酶以及 β－葡萄糖苷酶水解酶系能够断裂结合态多酚与植物纤维素、半纤维素、木质素以及一些多糖结构连接的共价键，从而释放植物基质外不可溶性－结合态多酚组分；第三，红曲菌与芽孢菌 BS2 可以产生 β－葡萄糖苷酶切除槲皮素糖苷类化合物分子之间的 1,4- 糖苷键，将其转化为槲皮素或者山奈酚等一些苷元类小分子化合物释放出来。

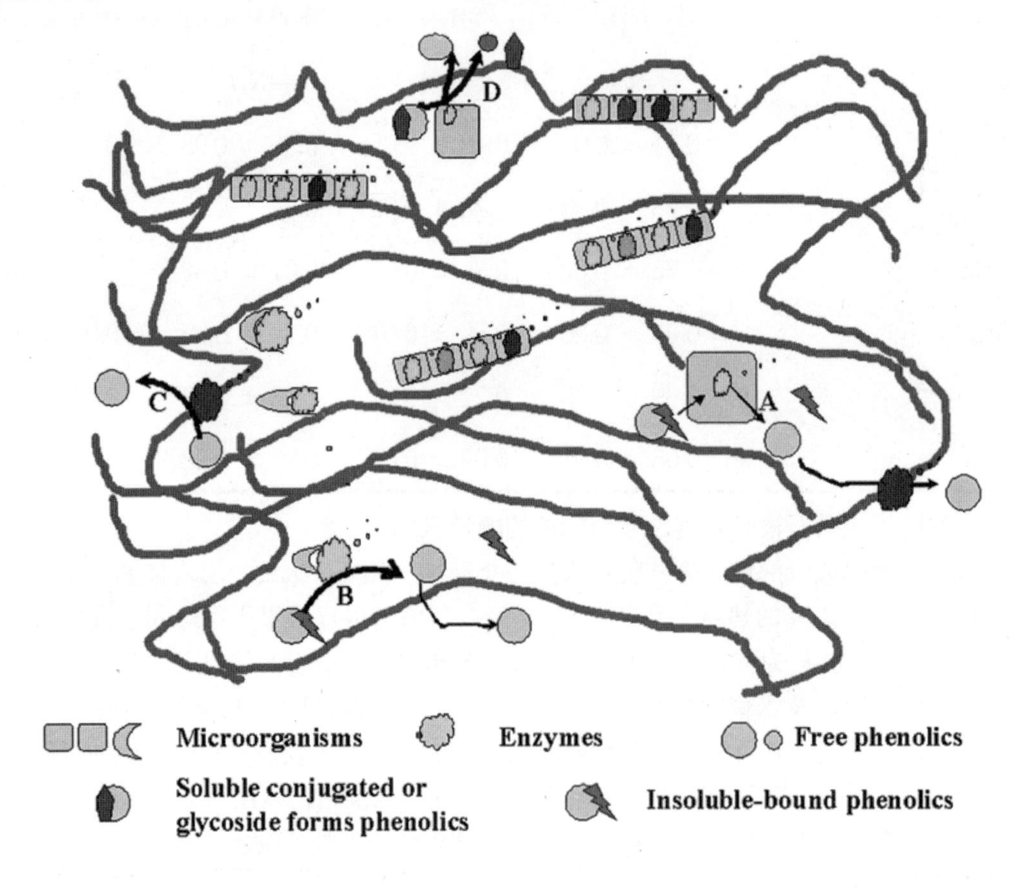

图 7-5 红曲菌与芽孢菌 BS2 共发酵促进番石榴叶多酚释放可能的酶学机制

7.4 本章小结

红曲菌与芽孢菌共发酵过程中产生的碳水化合物水解酶在番石榴叶多酚释放过程中扮演重要的作用。本章系统地分析了共发酵过程中产生的水解酶系变化，找到了番石榴叶发酵过程中多酚释放的关键水解酶系，并阐明了可溶性多酚释放的酶学机制。主要结论如下：

（1）红曲菌与芽孢菌共发酵番石榴叶过程中，可溶性多酚明显增加，且在发酵第 8 天时达到最高为 53.08 mg GAE/g DM；而结合态多酚明显下降。

（2）红曲菌与芽孢菌共发酵过程中各水解酶系变化与可溶性多酚变化一致。均在发酵第 8 天时达到最大，总纤维素酶活力达到了 31.32 U/g；α－淀粉酶活力达到 83 U/g；木聚糖酶活力为 5.2 U/g，然而 β－葡萄糖苷酶活力却仅仅为 0.19 U/g。随着发酵时间增加，各水解酶活力出现下降。

（3）纤维素酶、α－淀粉酶以及 β－葡萄糖苷酶添加量与番石榴叶总可溶性多酚的释放量存在明显的正相关，相关性值 R 分别达到了 0.8878，0.8089 与 0.8428（$p < 0.01$），而木聚糖酶的添加量与总可溶性多酚释放相关性较低仅仅为 0.5192（$p < 0.05$）。

（4）低浓度复合酶处理（< 50 U/g）对番石榴叶可溶性多酚释放影响不大，而高浓度复合酶（> 300 U/g）能够明显促进番石榴叶多酚的释放，但是其释放的总多酚含量（42.54 mg GAE/g DM）明显低于发酵处理组（53.08 mg GAE/g DM）。

第八章 番石榴叶发酵基于多酚释放的发酵度控制

8.1 引言

在第六章与第七章的研究中，我们已经证实了当发酵时间被很好地控制时，红曲菌与芽孢菌共发酵能够极大地促进番石榴叶中多酚类化合物的释放。同时也阐明了发酵过程中番石榴叶可溶性多酚类化合物释放的酶学机制。然而，一些研究也证实，随着发酵时间的增加，天然产物中多酚类化合物会被继续水解或者被微生物利用后生成生物活性更低或者没有生物活性的化合物。Dulf 等证实长时间过度发酵明显降低发酵食品抗氧化活性[277]。Zhang 等研究苦荞麦叶黑曲霉发酵过程中生物活性化学组分与抗氧化活性关系时发现，发酵苦荞麦叶的多酚类成分和抗氧化活性均呈现三个阶段性变化：发酵初期增加，中期减少，最后阶段略有变化[278]。因此，发酵程度的控制对发酵功能性产品的酚类组分以及生物活性有重要影响。目前很少有研究聚焦在如何快速找到发酵产品成熟的关键因子。

本章将采用 HPLC 指纹图谱技术结合化学计量数分析方法快速评估发酵程度对番石榴叶生物活性组分的影响，找出了控制发酵番石榴叶产品成熟的关键活性因子，将有利于发酵番石榴叶茶大规模生产时产品发酵成熟度的控制。

8.2 材料与方法

8.2.1 菌种

同第六章 6.2.1 节。

8.2.2 培养基

种子培养基同 6.2.2 节。

固态发酵培养基同 6.2.2 节。

8.2.3 试剂及材料

本章所使用的主要实验材料与试剂如表 8-1 所示。

表 8-1 实验材料与试剂

材料与试剂	规格 / 型号	生产产家
多酚标准品	HPLC	美国 Sigma 公司
番石榴叶	-	江门南粤番石榴叶茶制造合作社
甲酸	HPLC	美国 Fisher Scientific 公司
乙腈	HPLC	美国 Fisher Scientific 公司
甲醇	HPLC	美国 Fisher Scientific 公司
α-葡萄糖苷酶	EC 3.2.1.20	美国 Sigma-Aldrich 公司
对硝基苯基-α-D-吡喃葡萄糖苷	AR	美国 Sigma-Aldrich 公司
抗坏血酸	AR/HPLC	美国阿拉丁公司
1,1-二苯基-2-苦基肼（DPPH）	AR	美国阿拉丁公司
过硫酸钾（$K_2S_2O_8$）	AR	广东光华科技股份有限公司
2,2-连氮基-双（3-乙基苯并噻唑啉-6-磺酸）二铵盐（ABTS）	AR	美国阿拉丁公司

8.2.4 实验仪器

见第六章 6.2.4 节，此节不再列出。

8.2.5 实验方法

8.2.5.1 固态共发酵方法

将新鲜的红曲菌种（Monascus anka）接种于 PDA 平板上，30 ℃培养 7 天。用 0.1% Tween 80 水溶液洗下 PDA 平板上的红曲孢子，然后将约 3×10^6 个孢子接种于置于装有 50 mL 种子培养基的 250 mL 摇瓶中，30 ℃，180 r/min 摇床培养 27 h。而所筛选细菌种子接种于装有 50 mL 细菌种子培养基的 250 mL 摇瓶中，30 ℃，180 r/min 摇床培养 20 h。使用前将固态发酵基质 250 mL 摇瓶在 121 ℃蒸汽灭菌 15 min。在每 100 g 固体培养基中接种 5 mL 芽孢菌种子培养液（1×10^6 CFU/mL）和 10 mL 红曲霉菌种子培养物（1×10^6 个孢子 /mL）。用 15 mL 无菌水代替 15 mL 种子培养物作为对照实验组。将接入的种子培养物与固态基质在 250 mL 摇瓶中充分混匀，置于恒温培养箱中，28 ℃，维持相对湿度 65%，培养 20 天。其中，在第 7 天和第 12 天翻转固态基质释放微生物生长产生的热量。所有实验均独立进行三次重复。

8.2.5.2 总多酚与黄酮提取与测定方法

总多酚的提取根据 Wang 等人描述的方法 [279]。将未发酵番石榴叶与发酵的番石榴叶置于 60 ℃烘箱，烘干 15 h，用粉碎机将其研磨成粉末。准确称量 1 g 样品粉末，加入 80 mL 甲醇，用索氏提取器提取三次。提取液用 0.45 μm WhatmanR 滤纸过滤。所得滤液在 40 ℃下真空加压蒸干，旋干物用 5 mL 甲醇重溶，即为总多酚提取液。

8.2.5.3 HPLC 定量分析

参照第六章 6.2.5.4 节方法。

8.2.5.4 抗氧化活性分析

DPPH 与 $ABTS^+$ 自由基清除能力参照第二章 2.2.3.5 节方法；还原力方法测定参照第七章 7.2.4.5 节方法。

8.2.5.5 α-葡萄糖苷酶抑制活性分析

α-葡萄糖苷酶抑制活性的测定根据以前文献报道的方法，稍有修改[211]。简而言之，首先用移液枪分别吸取 100 μL α-葡萄糖苷酶（1 U/mL）和 100 μL 样品稀释液于 2 mL 离心管中，置于水浴锅 37 ℃水浴孵育 10 min。用 100 μL 磷酸盐缓冲液（0.01 ml/L，pH6.8）代替样品稀释液作为空白对照。在上述所有测试组与空白对照组中均加入 100 μL p- 对硝基苯基-α-D-吡喃葡萄糖苷溶液（5 mml/L），振荡混匀，置于 37 ℃水浴孵育 20 min。加入 500 μL 1 ml/L Na_2CO_3 溶液终止上述所有样品酶连反应。分别吸取测试组与对照组样品 200 μL 于 96- 孔板样品孔中，使用酶标仪记录其在 405 nm 下吸光度（A405）。

$$\alpha\text{-Glucosidase inhibitory potency (\%)} = \left[\frac{(A_1 - A_0) - (B_1 - B_0)}{A_1 - A_0}\right] \times 100 \quad \text{（公式 1）}$$

其中 A_1，A_0，B_1 和 B_0 分别代表空白测试组（含 PBS 缓冲液和 α-葡萄糖苷酶），空白对照组（仅含缓冲液），样品测试组（含样品提取液，缓冲液和 α-葡萄糖苷酶），和样品对照组（含样品提取液和缓冲液）在 405 nm 下的吸光值。

8.2.6 统计学分析

所有测试数据均用三次独立实验的平均值 ± 标准误差表示。使用 Statistic 7.1 软件进行数据分析。通过单因素方差分析方法计算各水平之间的显著性差异。

8.3 结果与讨论

8.3.1 番石榴叶发酵过程中多酚类组分图谱

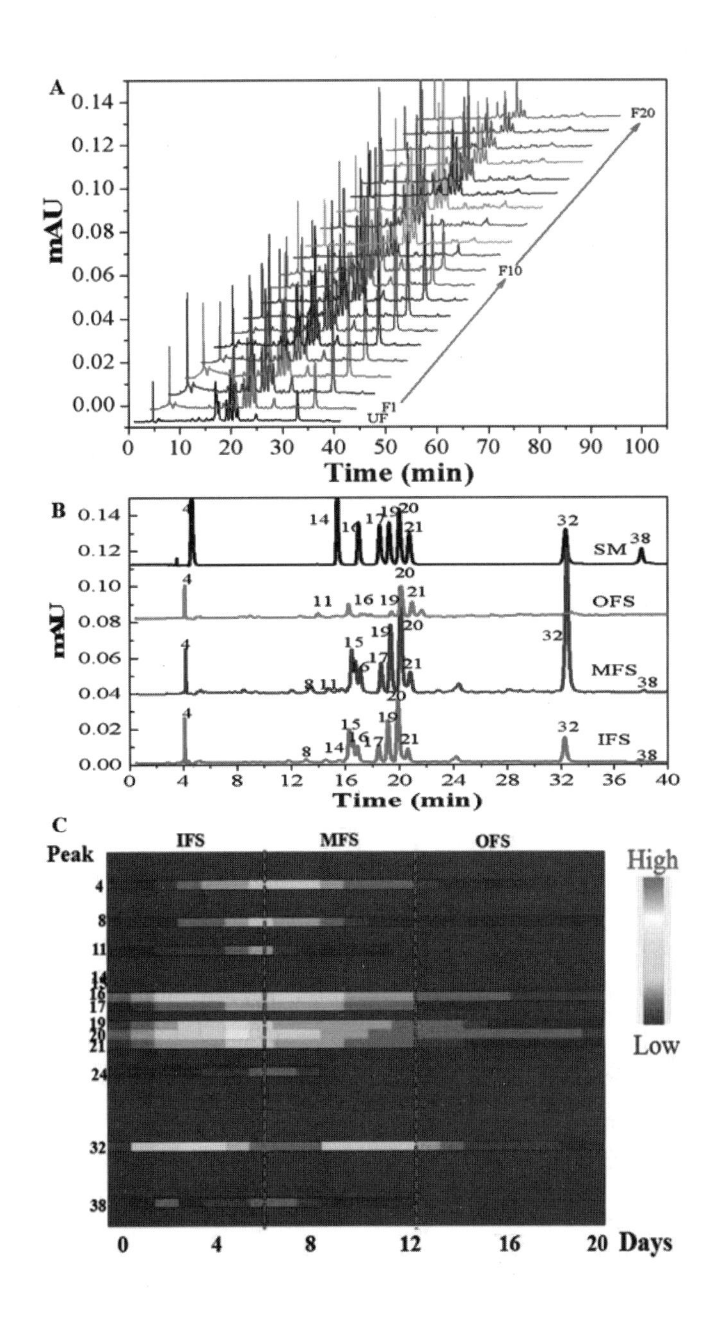

图 8-1　发酵过程中番石榴叶多酚组分指纹图谱变化（A）；发酵过程中番石榴叶多酚组分特征性图谱（B）；发酵过程中番石榴叶所有活性成分热图分析（C）。

注：SM，多酚混标；4，没食子酸；14，芦丁；16，异槲皮素；17，槲皮素 -β-D- 吡喃木糖苷；19，槲皮素 -3-O-α-L- 吡喃阿拉伯糖苷；20，扁蓄苷；21；槲皮苷；32，槲皮素；38，山萘酚。IFS，发酵初期；MFS，发酵成熟期；OFS，发酵过度期

如图 8-1A 所示，我们建立了番石榴叶发酵 20 天期间多酚类活性组分 HPLC 特征性图谱。

将获得的图谱信息输入中国制药联合委员会颁布的中草药指纹图谱相似性评估软件（2012A）进行匹配分析。如图 8-1B 所示，根据获得的相似性结果，所有发酵样品的图谱可以分为三个代表性特征性图谱：发酵初期阶段（1 ~ 6 天，IFS），发酵成熟期阶段（7 ~ 10 天，MFS），与过度发酵期阶段（13 ~ 20 天，OFS）。热图分析可以形象地反映出番石榴叶在发酵期间所有的多酚类化合物的变化趋势。因此，我们将获得的液相数据用 R 热图绘图软件进行热图分析。如图 1C 所示，我们发现除了已经被鉴定的主要的 9 种化合物含量发生明显改变，而其他含量相对较少的化合物仅仅有轻微的变化。这 9 种鉴定的化合物依次是没食子酸（P4），芦丁（P14），异槲皮苷（P16），槲皮素 -3-O-β-D- 木糖苷（P17），槲皮素 -3-O-α-L- 阿拉伯糖苷（P19），扁蓄苷（P20），槲皮苷（P21），槲皮素（P32），与山奈酚（P38）。而且他们的含量都呈现先增加后减少的趋势。

多酚类化合物是植物基质中最重要的一类抗氧化活性成分[280]。然而研究发现，植物中多酚类化合物主要以两种形式存在：可溶性多酚与不可溶的结合态多酚。不可溶结合态多酚主要通过氢键或者共价键形式与植物多糖，纤维素，半纤维素以及脂类化合物结合，造成它们的提取非常困难。而且研究表明多酚类抗氧化活性主要依赖其分子结构上的羟基，这些羟基键很容易被上述植物组分以共价键形式取代，从而造成多酚类化合物的抗氧化活性降低。然而微生物发酵产生的酶系不仅可以切除那些连接键，将不可溶结合态多酚游离出来成为可溶性多酚，增加可溶性多酚含量，而且还能将一些黄酮糖苷生物转化为生物活性更强的黄酮苷元，进而提高产品的生物活性。如图 8-1AC，在发酵初期 1 ~ 7 天，由于微生物产生的酶系的水解作用，番石榴叶中多酚类化合物逐渐被释放。然而，在发酵成熟期 8 ~ 12 天，番石榴叶中的活性成分明显出现下降趋势，这可能是由于红曲霉与芽孢菌共发酵过程中产生一些水解酶系将多酚类化合物继续降解了；也可能由于在可利用碳源有限的情况下，微生物会利用植物多酚作为碳源分解代谢。而在发酵过度期，由于微生物发酵代谢处于衰亡期，从而造成多酚类组分以及含量在这一阶段基本保持不变。综上所述，HPLC 特征性图谱分析可以作为一种有效的工具快速区分发酵产品之间的差异。

8.3.2 多数据主成分分析

为了简化番石榴叶发酵过程中所有活性组分变化，我们通过主成分分析对获得的 HPLC 图谱数据进行降维处理。所有样品根据发酵时间变化进行命名，从发酵第 1 天开始到第 20 天依次命名为 F1 至 F20，而未发酵的样品记为 UF。如图 8-2A 所示，主成分分析中的得分图反映了不同发酵时间点样品之间的差异。PC1 与 PC2 分别代表了所有样品总变量的 59.20% 与 21.37%，占了总变量的 80.57%。样品在 PCA 图谱上的距离反映了样品之间的差异。如图 8-2A 所示，我们发现所有番石榴叶样品呈现三个比较规则而且明显的类群，以 PC1 为轴从右到左，以 PC2 为轴从下到上分为：发酵初期阶段（UF，F1-F6），发酵成熟期（F7-F11）与发酵过度期（F13-F20）。这个分类结果与番石榴叶生物活性变化趋势一致。这个结果证实发酵程度对发酵番石榴叶多酚类活性成分有重要影响。

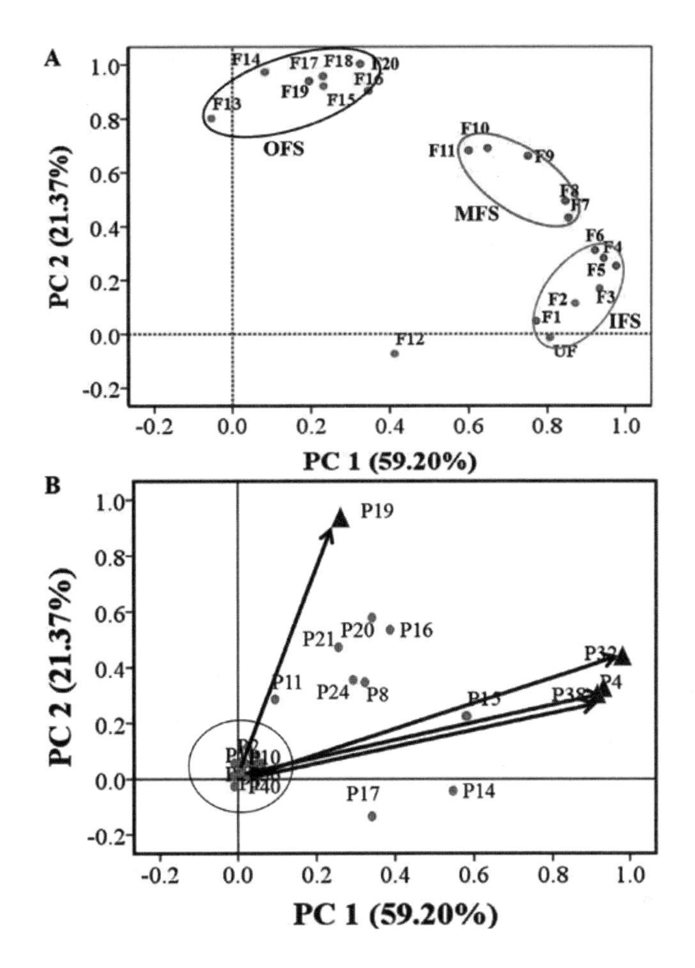

图 8-2 发酵番石榴叶（F1-F20）与未发酵番石榴叶（UF）活性组分主成分分析：得分图（A）与载荷图（B）。F1-F20 代表第一天至第 20 天发酵番石榴叶样品。各色谱峰鉴定见图 8-1B

为了找到发酵过程中关键的控制因子，我们继续对番石榴叶发酵过程中组分变化进行载荷图分析。我们首先将 HPLC 液相图谱中所有的化合物进行编号（P1-P40）。图 8-2B 展示了发酵番石榴叶中所有多酚类化合物的分布情况，其中分布点离载荷图原点的距离越远，代表此化合物对样品质量影响越大。由图可以看出，样品中化合物 P4，P14，P32 与 P38 离原点距离最远，表明这 4 种物质可以被认为是影响发酵番石榴叶质量控制的关键因子。这 4 种标志化合物的变化将直接影响发酵番石榴叶活性变化。

8.3.3 番石榴叶发酵过程中多酚活性组分含量变化趋势

图 8-3A 展示了发酵过程中番石榴叶总多酚与总黄酮的变化趋势。在发酵 1 ~ 7 天阶段，总多酚与总黄酮的含量随着发酵时间的增加快速增加。在第 7 天，总多酚与总黄酮含量分别达到最大值 36.03 mg GAE/g DM 与 30.46 mg RE/g DM，相对于未发酵组，含量分别增加了 3.09 倍与 3.37 倍。从这个时间点后，它们的含量随着发酵时间的增加逐渐降低。在前面 PCA 分析中，4 种关键标志性化合物已经被鉴定分别为没食子酸（P4），槲皮素 -3-O-α-L- 吡喃阿拉伯糖

苷（P14），槲皮素（P32）与山奈酚（P38）。如图 8-3A-D 所示，这 4 种标志性成分含量变化趋势与总多酚与总黄酮变化一致，呈现在发酵初期快速增加，在发酵第 7 天达到最大；而在发酵成熟期逐渐降低。然而其他的一些化合物，例如芦丁，异槲皮苷，槲皮素 -3-O-β-D- 吡喃木糖苷与扁蓄苷，它们的含量却在第 3 天达到最大，比 4 种标志性化合物更早达到最大值。而后这些化合物的含量随着发酵时间的延长也逐渐降低。

微生物发酵是越来越受欢迎的一种生物加工技术，它能够通过释放食品或者中药材中结合态多酚，提高总可溶性多酚的含量，进而增加食品或者中药材的营养或者功能价值。发酵初期（1 ~ 3 天），红曲菌与芽孢菌共发酵促进番石榴叶结合态或者缀合态多酚的释放，进而可溶性多酚含量的增加。这由于微生物产生的酶能够破坏多酚与其他组分（纤维素，半纤维素，多糖，多肽）之间的氢键或者共价键，从而释放更多的多酚类活性成分；但是随着发酵时间的延长，在发酵第 3 ~ 7 天，番石榴叶中黄酮苷元（槲皮素以及山奈酚）的含量明显增加（图 8-3B-D）。这是由于红曲与芽孢菌共发酵产生的 β－葡萄糖苷酶能够导致槲皮素糖苷以及山奈酚糖苷的 3-糖苷键水解，释放出更多的槲皮素与山奈酚 [281, 282]。在发酵成熟期，总多酚与总黄酮均保持较高含量。然而，随着发酵时间的增加（8 ~ 12 天），总多酚与总黄酮的含量明显降低。而发酵第 13 天后，总多酚与总黄酮的含量基本保持不变，但是含量非常地低。这可能由于红曲菌与芽孢菌共发酵过程中

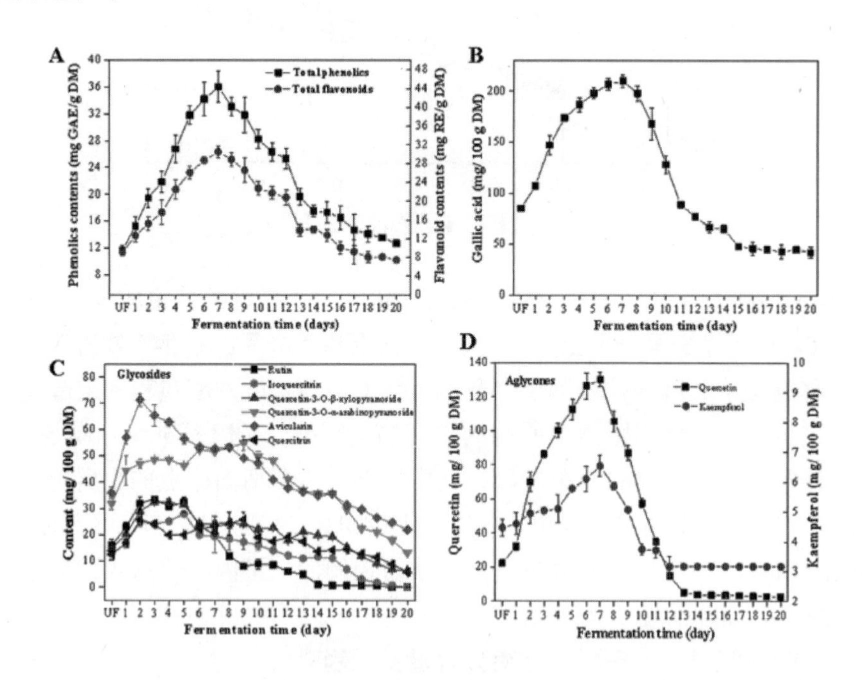

图 8-3 番石榴叶发酵过程中总多酚，总黄酮含量（A）以及其各多酚组分含量（B-D）变化

产生一些水解酶，能够将番石榴叶中多酚与黄酮降解；也可能由于随着发酵时间的延长，微生物可利用的基质消耗殆尽，微生物会利用多酚或者黄酮作为碳源或者中间物进行代谢。Zhang 等人通过黑曲霉发酵苦荞麦叶研究，发现苦荞麦叶中总多酚与总黄酮含量在发酵初期急剧增加，随后减少，到了发酵过度期含量保持基本不变。他们证实槲皮素与其他酚类化合物含

量降低是由于微生物降解作用引起的[278]。

8.3.4 番石榴叶发酵过程中生物活性变化趋势

许多研究者已经证实生物活性化合物的抗癌和抗炎作用，是基于其抗氧化活性[283]。在本研究中，评估了 DPPH 与 ABTS$^+$ 的自由基清除能力和还原力三种抗氧化模式，以充分反映发酵过程中番石榴叶中酚类活性成分抗氧化能力的动态变化。在发酵的第 1 ~ 7 天，番石榴叶的 DPPH，ABTS$^+$ 自由基清除能力和还原力随着发酵时间显着增加（图 8-4A）。在第 7 天，DPPH 和 ABTS$^+$ 的自由基清除能力达到最大（分别为 120.93 mg TE g-1 DM 和 139.67 mg TE g-1 DM），分别增加了 5.54 倍和 3.97 倍。与未发酵番石榴叶相比，还原力在发酵第 6 天达到最大值，增加了 3.74 倍。然而，发酵 7 天后，番石榴叶提取液 DPPH，ABTS + 自由基清除活性和还原力下降到最低水平。番石榴叶提取物 α - 葡萄糖苷酶抑制作用变化趋势与发酵过程中抗氧化活性的变化一致。番石榴叶提取物 α - 葡萄糖苷酶抑制能力在发酵初期（1 ~ 7 天）迅速增加，在发酵成熟期减少（8 ~ 13 天），而在发酵过度期，基本维持在低含量水平且略有下降（图 8-4B）。这些结果与 HPLC 指纹图谱和热图分析基本结果保持一致（图 8-1AB）。因此，生物活性测定结果证实，具有高含量四种标志性多酚类组分的 HPLC 指纹图谱是番石榴叶发酵成熟的标志。

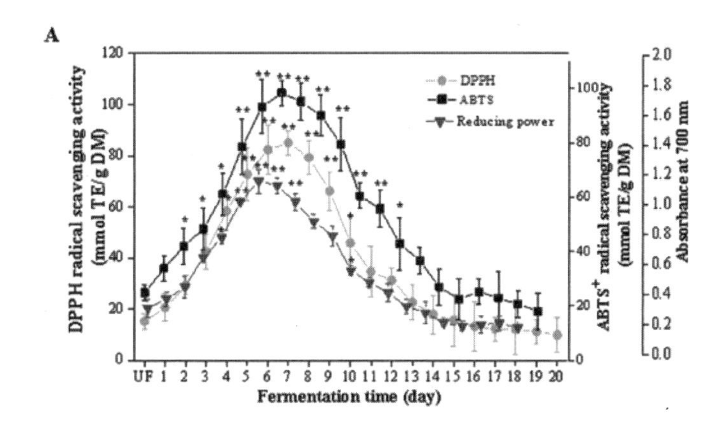

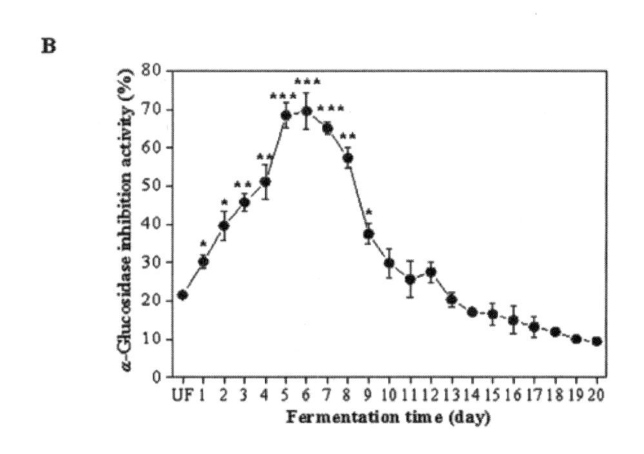

图 8-4 番石榴叶发酵过程中 DPPH，ABTS$^+$ 自由基清除能力与还原力（A）以及 α - 葡萄糖苷酶抑制活性变化（B）

目前大部分研究主要集中在利用微生物发酵加工的方式增强食品的抗氧化活性。Juan 与 Chou 报道用枯草芽孢杆菌 BCRC 14715 进行固态发酵可提高黑大豆的抗氧化活性[284]。Bhanja Dey 与 Kuhad 通过真菌固态发酵提高了谷类的抗氧化能力[285]。在这些报道中，他们仅仅只是针对发酵初期阶段测定的结果。因此，得到了随着发酵时间的增加，发酵食品抗氧化活性也得到了增强的结论。但与此相反，一些研究人员也报道了由于过度发酵造成基质的抗氧化活性降低的研究[286]。我们的研究结果也证实，发酵程度对发酵过程中食品基质的生物活性有非常重要的影响。在发酵初期，红曲霉菌和芽孢杆菌共发酵显著促进了番石榴叶酚类化合物的释放，因此增强了其可溶性多酚的生物活性。这表明合理的发酵加工工艺在获得高附加值产品方面有很好应用前景。然而，过度发酵明显导致番石榴叶酚类化合物的降解，从而降低其生物活性。本研究采用 HPLC 指纹图谱与化学计量分析技术相结合的方法，不仅可以有效地应用于快速评价和控制发酵产物的成熟度，而且还可以找出影响样品质量的关键因子。因此，这种方法将有助于获得更有利于人体健康的高附加值发酵产品。

8.3.5 番石榴叶发酵过程中多酚组分与生物活性相关性分析

本节中，皮尔森相关系数分析用来阐明番石榴叶酚类成分与其生物活性之间的相关性。结果如表 8-2 所示，发酵过程中，番石榴叶中的一些特征性组分对其生物活性有显著的影响，这些化合物可以被认为是判断番石榴叶发酵成熟的重要指标。DPPH 自由基清除活性与总酚含量（$r=0.959$，$p<0.001$），总黄酮含量（$r=0.984$，$p<0.001$），槲皮素-3-O-α-L-阿拉伯吡喃糖苷（$r=772$，$p<0.01$），槲皮素（$r=0.927$，$p<0.001$）和山奈酚（$r=0.845$，$p<0.001$），芦丁（$r=0.589$，$p<0.05$），槲皮素-3-O-β-D-吡喃木糖苷（$r=0.688$，$p<0.05$），扁蓄苷（$r=0.603$，$p<0.01$）和槲皮苷（$r=0.560$，$p<0.05$）。ABTS 自由基清除活力的结果与 DPPH 的结果一致。ABTS 与多酚含量有极高的相关性（$r=0.981$，$p<0.001$），总黄酮（$r=0.971$，$p<0.001$），没食子酸（$r=0.843$，$p<0.01$），槲皮素-3- O-α-L-阿拉伯吡喃糖苷（$r=807$，$p<0.01$），槲皮素（$r=0.914$，$p<0.001$）和山奈酚（$r=0.865$，$p<0.001$），槲皮素-3-O-β-D-吡喃木糖苷（$r=0.637$，$p<0.05$），槲皮素（$r=0.658$，$p<0.05$），扁蓄苷（$r=0.614$，$p<0.001$），和槲皮苷（$r=0.558$，$p<0.05$）。总还原能力与总酚含量（$r=0.962$，$p<0.001$），总黄酮含量（$r=0.957$，$p<0.001$），没食子酸含量（$r=0.858$，$p<0.01$)，槲皮素-3-O-α-L-阿拉伯吡喃糖苷（$r=815$，$p<0.001$），槲皮素（$r=0.924$，$p<0.001$）和山奈酚（$r=0.800$，$p<0.01$）。然而，α-葡萄糖苷酶抑制活力与总酚（$r=0.797$，$p<0.001$），总黄酮（$r=0.863$，$p<0.001$），扁蓄苷（$r=0.801$，$p<0.001$），槲皮素（$r=0.857$，$p<0.001$）和山奈酚（$r=0.789$，$-<0.001$）。

表 8-2 生物活性组分与生物活性之间的皮尔森相关性分析

Analytes	TP	TF	DPPH	ABTS+	RP	GIA
Gallic acid	0.819**	0.687***	0.812**	0.843**	0.858**	0.561*
Rutin	0.549**	0.710**	0.589*	0.445	0.591**	0.619*
Isoquercitrin	0.669**	0.710**	0.725*	0.658*	0.749**	0.654**
Quercetin-3-O-β-D-xylopyranoside	0.670**	0.653**	0.688**	0.637**	0.716**	0.671**
Quercetin-3-O-α-L-arabinopyranoside	0.799**	0.645**	0.772**	0.807**	0.815***	0.702**
Avicularin	0.598*	0.634*	0.603*	0.614**	0.641**	0.801**
Quercitrin	0.608*	0.618*	0.560*	0.585**	0.576*	0.517*
Quercetin	0.825**	0.882**	0.927***	0.914***	0.924***	0.857***
Kaempferol	0.760**	0.701**	0.845***	0.865***	0.800**	0.789**
TP	1.000	0.961***	0.959***	0.981***	0.962***	0.797***
TF		1.000	0.984***	0.971***	0.957***	0.863***
DPPH			1.000	0.959***	0.894**	0.876***
ABTS+				1.000	0.932***	0.855***
Reducing power					1.000	0.742**
GIA						1.000

* $p < 0.5$，** $p < 0.01$，*** $p < 0.001$；TP，总酚含量；TF，总黄酮含量；GIA，α－葡萄糖苷酶抑制活性

结果证实，抗氧化活性和 α－葡萄糖苷酶抑制活性与总酚和总黄酮含量呈正相关。另外，黄酮苷元（槲皮素和山奈酚）与它们的糖苷类化合物相比具有更强的抗氧化能力。Zhang 等人利用皮尔森相关系数分析研究黑曲霉发酵过程中苦荞叶酚类成分与其抗氧化活性的关系，发现槲皮素与抗氧化能力之间呈正相关[268]。另外，Jim é nez-Aliaga 等人也证明槲皮素比芦丁，异槲皮苷和槲皮苷等糖苷类具有更强的抗氧化能力[287]。这一发现与我们上面讨论的结果是一致的。然而，番石榴叶 α－葡萄糖苷酶抑制活力与槲皮素，山奈酚和扁蓄苷之间的相关性也明显高于其他类黄酮糖苷。Xiao 等人报道，类黄酮的羟基化可以提高其 α－葡萄糖苷酶抑制活性，但是类黄酮 3- 羟基的糖基化或者类黄酮羟基结构氢化将减弱了其对 α－葡萄糖苷酶抑制活性。因为槲皮素和山奈酚羟基数量明显多于其黄酮糖苷类化合物，所以它们具有更强的抗氧化活性和 α－葡萄糖苷酶抑制活性[288]。

总之，微生物发酵加工技术可以改变番石榴叶生物活性化合物的组成和含量。一般来说，在发酵初期，生物活性急剧增加；在发酵成熟期，生物活性下降至最低点；而在发酵过度期，生物活性保持轻微变化。这种变化的趋势应该在如何获得高附加值的发酵食品中被考虑。

8.4 本章小结

微生物发酵炮制方式能够极大地促进茶类产品，谷物类食品以及农产品多酚类活性组分的释放，进而增强天然产物的生物活性，但是当发酵过度时会造成发酵产品功效活性明显降低。因此，本章建立了发酵番石榴叶茶产品活性组分 HPLC 指纹图谱方法，找到了获得高活性番石榴叶产品的发酵过程中控制的关键标志化合物，实现对番石榴叶发酵度的精准控制。主要结论如下：

（1）本章建立的发酵过程中 HPLC 指纹图谱方法结合化学计量学分析可以成功用于番石榴叶发酵成熟度的快速判定。番石榴叶抗氧化能力和 α-葡萄糖苷酶抑制活性随发酵时间的增加呈现三阶段变化趋势：发酵初期快速升高（1 ~ 7 天），发酵成熟期逐渐降低（8 ~ 13 天），发酵过度期保持不变或者略有降低（发酵 13 天后）。

（2）通过主成分分析找到了控制发酵番石榴叶生物活性的关键因子：没食子酸，槲皮素-3-O-α-L-阿拉伯吡喃糖苷，槲皮素和山奈酚。这 4 个关键因子含量高低可以作为判定番石榴叶发酵成熟与否的重要标志物。

（3）通过相关性分析结果证实：番石榴叶总酚含量、总黄酮含量、槲皮素、山奈酚与体外抗氧化活性以及 α-葡萄糖苷酶抑制活性有极显著的相关性。

第九章 发酵结合复合酶水解增强番石榴叶核心活性成分生物转化

9.1 引言

当前，微生物发酵用于提高食品或茶叶的营养价值和感官品质，是一种越来越受欢迎的绿色生物技术。黑曲霉被用作固态发酵菌株，广泛用于提高食品或苦荞麦叶的抗氧化活性[289]，但是黑曲霉不在国际公布的可食用菌株之列。而红曲霉是一种国际允许使用的食品级微生物发酵菌株，具有释放不溶性结合酚类物质提高生物活性的巨大潜力，而且它也可以产生天然功能的生物活性物质，如 γ- 氨基丁酸、莫纳克林 K、食用功能色素[290]。第三、四章，我们已经证实番石榴叶中核心功效成分是苷元型黄酮（槲皮素 / 山奈酚）；而且，药理学研究也证实槲皮素具有更强的 α- 葡糖苷酶或 α- 淀粉酶抑制作用，可以通过延迟餐后葡萄糖的吸收来降低高血糖症，具有明显的降血糖作用[291]；此外，苷元型黄酮在人体肠道吸收效率与利用能力也远高于其糖苷衍生物的活性[292]。第六章，我们已经通过红曲菌与芽孢菌共发酵促进了番石榴叶可溶性多酚的释放，极大地提高了番石榴叶功能活性。然而我们发现发酵后的番石榴叶还存在少量的不可溶性 - 结合态多酚化合物，而且含有大量的槲皮素 / 山奈酚糖苷类化合物并未被转化为核心功效成分槲皮素与山奈酚。前面第八章我们也对发酵过程中酶活进行测定，发现使用不同微生物发酵组合其产生 β- 葡萄糖苷酶产量非常低。因此，利用微生物发酵产生 β- 葡萄糖苷酶进行黄酮苷元生物转化效果不佳。

本章首先通过发酵释放出番石榴叶中可溶性酚类物质，然后通过复合酶加工两步法处理将释放的活性组分定向生物转化为苷元类化合物，进一步提高番石榴叶生物活性功效。本研究提供一种制备富含可溶性酚类物质（黄酮）和槲皮素 / 山奈酚苷元的番石榴叶茶产品方法，提高其核心功效成分含量以及功效成分生物利用率。

9.2 材料与方法

9.2.1 试剂与材料

本章所使用的主要实验材料与试剂如表 9-1 所示。

表 9-1 实验材料与试剂

材料与试剂	规格 / 型号	生产产家
福林酚试剂	AR	美国 Sigma 公司
多酚标品	HPLC	美国 Sigma 公司
商业植物复合酶	-	湖南尤特尔生化有限公司
抗坏血酸（Vc）	AR/HPLC	美国阿拉丁公司
6- 羟基 -2,5,7,8- 四甲基苯并二氢吡喃 -2- 羧酸（Trolox）	AR	美国阿拉丁公司
三氯化铁	AR	广东光华科技股份有限公司
2,4,6- 三吡啶基 - 哒嗪（TPTZ）	AR	美国阿拉丁公司
1,1- 二苯基 -2- 苦基肼（DPPH）	AR	美国阿拉丁公司
过硫酸钾（$K_2S_2O_8$）	AR	广东光华科技股份有限公司
2,2- 连氮基 - 双（3- 乙基苯并噻唑啉 -6- 磺酸）二铵盐（ABTS）	AR	美国阿拉丁公司
丙酮	AR	美国 Fisher Scientific 公司
乙酸乙酯	HPLC	美国 Fisher Scientific 公司
乙腈	HPLC	美国 Fisher Scientific 公司
乙醇	HPLC	美国 Fisher Scientific 公司
甲醇	HPLC	美国 Fisher Scientific 公司

9.2.2 培养基与菌株

培养基与发酵菌株同第五章 5.2.1 节。

9.2.3 实验器材

第六章 6.2.4 节已列出，此节不再列出。

9.2.4 实验方法

9.2.4.1 番石榴叶加工

番石榴叶固态发酵方法参照第六章。将新鲜未发酵 / 发酵后的番石榴叶样品置于 60 ℃烘箱中烘干 15 h 后，用小型粉碎机将样品粉碎后过 40 目铁丝网筛，得到大小均匀的番石榴叶样品粉末。1 g 该发酵样品粉末置于 2 mL 离心管中，分别加入 1 mL 不同浓度的商业水解酶溶液（木糖酶、α - 淀粉酶、纤维素酶以及 β - 葡萄糖苷酶），其中所有商业水解酶液均分别溶于 50 mM 柠檬酸缓冲液（pH 5.0）。将反应液置于黑暗环境中，在 30 ℃下反应 6 h，反应完全后，于 105 ℃烘箱烘烤 5 min 酶活反应的水解酶。用相同浓度灭活的水解酶作为实验空白对照。

9.2.4.2 可溶性多酚与不可溶性-结合态多酚提取

参照第六章 6.2.5.5 方法。

9.2.4.3 多酚与黄酮含量测定

参照第六章 6.2.5.6 方法。

9.2.4.4 HPLC 分析

参照第六章 6.2.5.4 方法。

9.2.4.5 抗氧化活性与还原力测定

DPPH 与 $ABTS^+$ 自由基清除能力参照第二章 2.2.3.5。

NO_2- 自由基清除能力测定根据 Singh 等人报道的方法，稍作修改[293]。简要操作如下：反应体系包括 160 μL 10 mg/L $NaNO_2$ 与不同浓度的样品稀释液（5，10，25，40 和 60 μg/mL）。用 0.1 mol/L 磷酸盐缓冲液（PBS，pH 7.4）代替样品提取液作为空白对照，不同浓度稀释的标准抗氧化剂 Trolox 和 Vc（5，10，25，40，和 60 μg/mL）作为阳性对照。将上述反应液在 25 ℃下，反应 60 min 后。向反应液中添加 100 μL 对氨基苯磺酸（0.4%，w/w），静置 5 min 完成重氮化反应。然后，继续加入 40 μL 0.2% N-(1-萘基)乙二胺混匀后，静置反应 30 min。测定其在 538 nm 处的吸光度。NO_2- 自由基清除活性按以下公式(3)进行计算：

$$NO_2^- \text{自由基清除能力}(\%)=\left(1-\frac{A_{sample}-A_{blank}}{A_{control}}\right)\times 100 \quad \text{公式 (3)}$$

其中 $A_{control}$ 是亚硝酸钠与 PBS 缓冲液的吸光值；A_{sample} 是亚硝酸钠与样品反应后的吸光值；A_{blank} 是测试样品和 PBS 缓冲液混合后的吸光值。

还原力测定参照 Ferreira 等人描述的的方法，稍作修改[294]。具体操作如下：取 200 μL 不同浓度的样品稀释液（20，40，60，120，160 和 200 μg/ mL）与 500 μL 的 200 mM 磷酸盐缓冲液（PBS，pH 6.6）于 2 mL 离心管中混合均匀后，加入 500 μL 1% 铁氰化钾，置于 50 ℃下恒温水浴 20 min。然后继续加入 200 μL 10% 三氯乙酸，在 3000 克下，离心 10 min。取 500 μL 上清液，加入 500 μL 蒸馏水和 100 μL 0.1% 三氯化铁混合均匀，测定其在 700 nm 处的吸光值。吸光值越大表明样品还原力越强。样品的还原力表示每克样品干物质所含的 Trolox 的当量（mmol TE/g DM）。Trolox 还原力标准曲线根据其标准浓度（10 ~ 200 μg/mL）与反应后的吸光值绘制而成（R^2 = 0.9989）。

9.2.4.6 α-葡萄糖苷酶抑制活性测定

参照第四章 4.2.3.2 节方法。

9.2.5 统计学分析

使用 Statistic 7.1 软件进行数据分析。根据文献描述的方法，通过回归分析法计算 IC_{50} 值。通过单因素方差分析（One-way ANOVA）方法计算各数据之间的显著性差异。$p \leqslant 0.05$ 和 $\leqslant 0.01$ 分别代表显著性与极显著性差异。

9.3 结果与讨论

9.3.1 发酵结合复合酶加工对番石榴叶总多酚与总黄酮含量的影响

图 9-1A 显示了不同加工条件处理下番石榴叶可溶性和不溶性－结合态多酚含量。由图可以看出，经过发酵处理后，可溶性酚类含量与不可溶性结合多酚含量分别为 31.1 和 5.5 mg GAE/g DM，可溶性多酚含量比未发酵的番石榴叶提高了 71.4%，不溶性结合态多酚含量则减少 61.3%。而经过发酵与复合酶解处理能进一步增加了可溶性总酚含量（37.9 mg GAE/g DM）。相对于未发酵番石榴叶增加了 108.9%，而不溶性－结合多酚含量降低 65.1%。而与发酵组相比，可溶性多酚含量提高了 21.9%。发酵结合复合酶水解加工处理使番石榴叶可溶性多酚含量占总酚含量的比值从 56.1% 增加到 88.4%，而不溶性－结合态多酚占总多酚的比值从 43.9% 下降到 11.6%。图 9-1B 显示了不同加工条件处理下番石榴叶中总可溶性和不溶性－结合态黄酮的含量。结果表明，发酵明显提高了可溶性总黄酮的含量（23.3 RE/g DM），与未发酵番石榴叶相比提高了 71.4%，而不溶性－结合态黄酮含量降低了 47.1%。而发酵结合复合酶加工与未发酵加工相比，番石榴叶可溶性总黄酮含量（28.8 mg GAE/g DM）进一步提高了 100.7%，可溶性黄酮占总黄酮含量的比例从 51.8% 增加到 81.9%。

Alshikh 等人证实，酚类化合物容易与植物细胞壁结构组分（纤维素、半纤维素、木质素、果胶和结构蛋白或多糖）结合成结合态而难以提取。固态发酵工艺可以明显提高了番石榴叶中可溶性多酚的释放。由于红曲霉菌和酿酒酵母共发酵可利用番石榴叶基质中的单糖或多糖产生纤维素酶、木质素酶、β－葡萄糖苷酶和阿魏酰酯酶，这些酶可水解酚类物质与细胞壁结构组分之间的连接键，进而释放可溶性酚类物质[295]。Zhang 等人报道用黑曲霉进行固态发酵苦荞麦叶提高其酚类物质的含量和抗氧化活性[296]。本研究采用发酵后继续用复合酶解工艺，不但可以进一步释放番石榴叶可溶性酚类物质，并且将番石榴叶中含量较高的黄酮糖苷成分转化成活性更强的黄酮类苷元（槲皮素和山奈酚）。结果表明，微生物发酵虽然可以提高番石榴叶可溶性多酚的含量，但是由于植物细胞结构的复杂性和微生物产生的酶的局限性，发现还有少量的多酚以不可溶性－结合态形式存在，而且大量的黄酮以糖苷形式存在。而采用发酵后复合酶加工处理明显提高了可溶性多酚含量与黄酮苷元含量，进而可以提高番石榴叶药用功效。Liu 等人利用两种乳酸菌发酵提高了 α－淀粉酶预处理后米糠中可溶性酚类含量[297]。而且在发酵后，继续利用复合酶包括酸性纤维素酶、葡聚糖苷酶和酸性蛋白酶处理米糠，可进一步提高可溶性酚类物质的释放。在本研究中，由于植物细胞壁结构的复杂性，我们选用纤维素酶、β－葡萄糖苷酶、木聚糖酶和半纤维素酶组成的复合酶对发酵后的番石榴叶进一步处理，不仅极大地增加了番石榴叶中可溶性多酚含量，而且还能将黄酮苷类物质转化为具有更强生物活性的黄酮类苷元（也是番石榴叶核心多酚功效成分）。

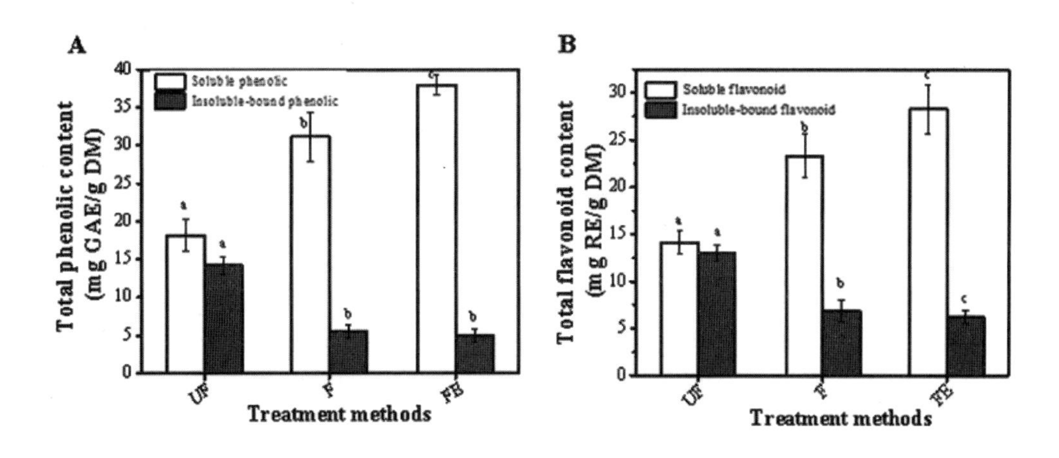

图 9-1 不同加工条件下番石榴叶可溶性多酚与不可溶性 - 结合态多酚（A）以及可溶性黄酮与不可溶性 - 结合态黄酮含量（B）。UF，未发酵处理；F，发酵处理；FE，发酵结合复合酶处理

9.3.2 发酵结合复合酶加工对番石榴叶多酚组成影响以及生物转化

为了研究不同加工方法处理后番石榴叶中可溶性和不溶性 - 结合态多酚组分与其含量的变化，我们对番石榴叶中主要的 17 种酚类化合物包括抗坏血酸、没食子酸、绿原酸、对香豆酸、芥子酸、对羟基苯甲酸、阿魏酸、咖啡酸、芦丁、异槲皮素、槲皮素 -3-O-β-D- 吡喃木糖苷、槲皮素 -3-O-α-L- 阿拉伯糖苷、扁蓄苷、槲皮苷、山奈酚 -3-O- 葡萄糖苷、槲皮素和山奈酚进行 HPLC 定量分析，结果如图 9-2A-C 和表 9-2 所示。不同加工条件处理后番石榴叶可溶性和不溶性 - 结合酚类物质的组分相差不大，但其含量有明显差异。除绿原酸和山奈酚外，大部分测定的酚类物质均以可溶性和不溶性 - 结合态两种形式存在于番石榴叶。发酵处理后，除丁香酸和高铁酸含量明显降低外，大部分酚类化合物可溶性形式明显增加（$p = 0.002$）。发酵处理后各可溶性酚类组分有明显增加，具体增加幅度如下：没食子酸（14.3%），p- 对羟基苯甲酸（34.9%），芦丁（214.6%），对 - 香豆素（46.4%），异槲皮苷（26.6%），槲皮素 -3-β-D- 吡喃木糖苷（73.4%），槲皮素 -3-O-α-L- 阿拉伯糖苷（60.1%），槲皮素（26.9%），槲皮素（472.0%）和山奈酚（236.9%）。发酵后经复合酶法处理后，可溶性酚类组分组成也发生明显变化。其中，异槲皮素、槲皮素 -3-O-β-D- 木吡喃糖苷、扁蓄苷含量明显降低，几乎完全转化为槲皮素；而山奈酚 -3-O- 葡萄糖苷则被酶转化为山奈酚。与未发酵相比，发酵结合复合酶处理后，番石榴叶中单个可溶性酚类组分增加如下：没食子酸（32.9%），绿原酸（25.1%），对香豆酸（79.1%），槲皮素 -3-O-α-L- 阿拉伯糖苷（31.8%），槲皮素（581.1%）和山奈酚（1163.6%）。五种酚类化合物含量分别降低：丁香酸（74.8%），异槲皮苷（65.5%），槲皮苷（50.3%），槲皮素 -3-O-β-D- 吡喃木糖苷（91.7%），扁蓄苷（96.1%）。与发酵的番石

榴叶相比，四种酚类化合物明显提高包括：L-抗坏血酸（47.4%），没食子酸（16.1%），槲皮素（120.9%），山奈酚（102.86%）。而以下三种多酚类化合物含量几乎没有太大变化：p-对羟基苯甲酸，咖啡酸和阿魏酸。

番石榴叶中主要酚类化合物分为两类：酚酸（没食子酸、绿原酸、香豆酸、高铁酸、p-对羟基苯甲酸、阿魏酸、咖啡酸），黄酮糖苷类（芦丁、槲皮素-3-O-β-D-木吡喃糖苷、槲皮素-3-O-α-L-阿拉伯糖苷、异槲皮苷、槲皮苷、山奈酚-3-O-葡萄糖以及扁蓄苷）和黄酮苷元（槲皮素与山奈酚）。此外，大多数酚类化合物以两种形式存在：可溶的和不可溶-结合形式。通过微生物发酵后，除芥子酸外，大多数可溶性酚类物质的含量均因为结合态多酚的释放而显著提高。Liu 等人研究证实，芥子酸含量的下降可能是因为微生物发酵过程中的降解作用[297]。与未发酵组相比，发酵后槲皮素（141.6 mg/100 g DM）与山奈酚（10.5 mg/100 g DM）分别增加了 5.9 和 3.4 倍。这是由于微生物产生了一些关键酶，这些酶可以破坏细胞壁或者多酚与细胞壁连接的共价键，从而促进可溶性酚类物质的释放。这些结果与以前的研究结果一致，Liu 等人通过微生物发酵增加了米糠中的酚类和黄酮类化合物的含量[297]。然而，发酵结合酶处理不仅进一步提高了许多活性酚类的含量，而且大大提高了槲皮素和山奈酚的含量，与未发酵对照相比，其含量分别提高了 13.0 倍和 6.8 倍。这可能是由于首先微生物发酵提高了番石榴叶可溶性酚类物质的释放，然后，这些释放的多酚在复合酶的处理下（特别是 β-葡萄糖苷酶）可以将黄酮糖苷（异槲皮苷、槲皮苷、槲皮素-3-O-β-D-吡喃木糖苷、山奈酚-3-O-葡萄糖和扁蓄苷）转化为槲皮素和山奈酚。根据文献报道以及表 9-2 中几种多酚含量变化，可以推断槲皮素和山奈酚可能的生物转化途径如图 9-3 所示。Liu 等人证实了利用乳酸菌发酵后结合复合酶水解过程，可显著提高米糠中游离酚类和共轭酚类物质的释放[297]。而 Ma 等人也报道了利用复合酶包括（纤维素酶、β-葡萄糖苷酶及其与酯酶），极大地促进了麦麸可溶性酚类物质的释放[291]。

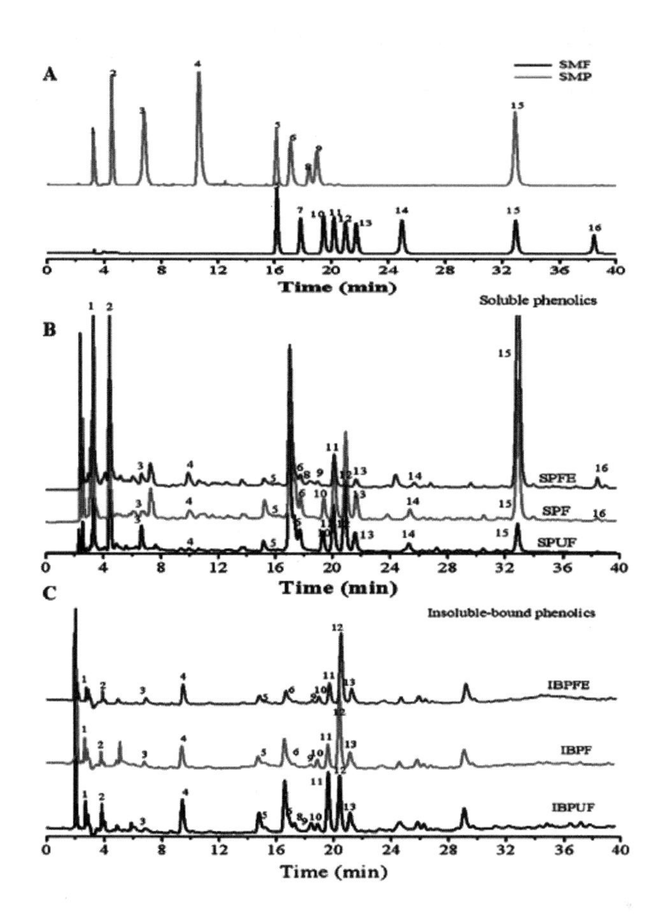

图 9-2 标准酚类化合物 HPLC 图谱（A）以及不同处理条件下番石榴叶可溶性多酚（B）与不可溶性 - 结合态多酚（C）HPLC 图谱

注：SMF，黄酮标准混合液；SMP，酚酸标准混合液；SPUF，未发酵番石榴叶可溶性酚类；SPF，发酵处理后番石榴叶可溶性酚类；SPFE，发酵结合复合酶处理后番石榴叶可溶性酚类；IBPUF，未发酵的不溶性 - 结合酚类；IBPF，发酵番石榴叶不溶性结合酚类；IBPFE，发酵结合复合酶处理后番石榴叶不溶性结合酚类；峰：1，L- 抗坏血酸，2，没食子酸，3，绿原酸，4，p- 对羟基苯甲酸，5，咖啡酸，6，芦丁，7，异槲皮苷，8，芥子酸，9，阿魏酸，10，槲皮素 -3-O-β-D- 木糖苷；11，槲皮素 -3-O-α-L- 阿拉伯糖苷，12，扁蓄苷，13，槲皮苷，14，山奈酚 -3-O- 葡萄糖苷，15，槲皮素，16，山奈酚。

表 9-2 不同加工条件下番石榴叶自由态多酚与结合态多酚各单个组分含量

Analytes	Stage	Soluble phenolics (mg/100 g DM)	Insoluble-bound (mg/100 g DM)
Gallic acid	UF	147.31 ± 1.3Ba	71.40 ± 2.1Ac
	F	168.52 ± 0.72Bb	53.91 ± 0.31Ab
	FE	195.72 ± 0.80Bc	37.31 ± 0.22Aa
Chlorogenic acid	UF	24.20 ± 0.41Ba	3.23 ± 0.21Ab
	F	28.62 ± 0.09b	N.D.
	FE	30.34 ± 0.81b	N.D.
p-hydroxybenzoic acid	UF	10.12 ± 0.11Ba	3.22 ± 0.17Ab
	F	13.62 ± 0.01Bb	3.04 ± 0.10Ab
	FE	13.71 ± 0.01Bb	2.69 ± 0.01Aa
Caffeic acid	UF	5.61 ± 0.10Aa	4.13 ± 0.01Ab
	F	6.72 ± 0.31Bb	3.01 ± 0.01Ab
	FE	7.03 ± 0.12Bb	1.54 ± 0.02Aa
Rutin	UF	1.52 ± 0.01Aa	2.21 ± 0.07Bc
	F	48.13 ± 0.04Bb	0.32 ± 0.05Ab
	FE	1.51 ± 0.01Ba	0.14 ± 0.01Aa
p-Coumaric acid	UF	9.23 ± 0.05Aa	17.72 ± 0.8Bc
	F	13.48 ± 0.07Ab	11.43 ± 0.08Ab
	FE	16.51 ± 0.07Bc	9.36 ± 0.05Aa
Isoquercitrin	UF	19.62 ± 0.26Ab	22.56 ± 0.21Ab
	F	24.81 ± 0.35Bc	7.20 ± 0.01Aa
	FE	6.82 ± 0.15Aa	5.34 ± 0.04Aa
Sinapic acid	UF	9.2 ± 0.07Bc	6.28 ± 0.03Ab
	F	6.31 ± 0.04Ab	5.29 ± 0.01Aa
	FE	2.30 ± 0.01Aa	4.22 ± 0.06Ba
Ferulic acid	UF	12.91 ± 0.03Ba	9.37 ± 0.11Ab
	F	13.91 ± 0.07Ba	7.12 ± 0.2Aa
	FE	12.42 ± 0.01Ba	6.36 ± 0.01Aa
Quercetin-3-O-β-D-xylopyranoside	UF	18.32 ± 0.2Bb	11.31 ± 0.2Ac
	F	31.81 ± 0.1Bc	7.46 ± 0.01Ab
	FE	1.50 ± 0.08Ba	3.52 ± 0.02Aa
Quercetin-3-O-α-L-arabinopyranoside	UF	42.33 ± 0.21Ba	15.39 ± 0.40Ac
	F	67.80 ± 0.20Bc	10.41 ± 0.32Ab
	FE	55.73 ± 0.07Bb	7.45 ± 1.10Aa
Avicularin	UF	57.67 ± 0.21Bb	41.41 ± 0.21Ac
	F	60.33 ± 0.22Bb	32.32 ± 0.2Ab
	FE	2.29 ± 0.02Aa	4.12 ± 0.11Ba
Kaempferol-3-O-glucoside	UF	14.21 ± 0.07Bb	8.31 ± 0.03Ac
	F	18.13 ± 0.20Bc	3.45 ± 0.02Ab

表 9-2 不同加工条件下番石榴叶自由态多酚与结合态多酚各单个组分含量（续）

Analytes	Stage	Soluble phenolics (mg/100 g DM)	Insoluble-bound (mg/100 g DM)
	FE	1.23 ± 0.06Aa	1.09 ± 0.07Aa
Quercitrin	UF	22.72 ± 0.21Bb	17.31 ± 0.01Ac
	F	28.81 ± 0.22Bc	11.67 ± 0.06Ab
	FE	11.32 ± 0.23Ba	8.42 ± 0.07Ab
Quercetin	UF	24.15 ± 0.21Aa	34.23 ± 0.05Bb
	F	141.62 ± 0.30Bb	2.54 ± 0.09Aa
	FE	312.81 ± 1.21c	N.D.
Kaempferol	UF	3.13 ± 0.11Aa	4.25 ± 0.03A
	F	10.52 ± 0.51b	N.D.
	FE	21.34 ± 0.42c	N.D.

注：UF，未发酵处理；F，发酵处理；FE，发酵结合复合酶处理。不同大写字母表示相同行之间显著性差异，不同小写字母表示不同列之间显著性差异（$p < 0.05$）

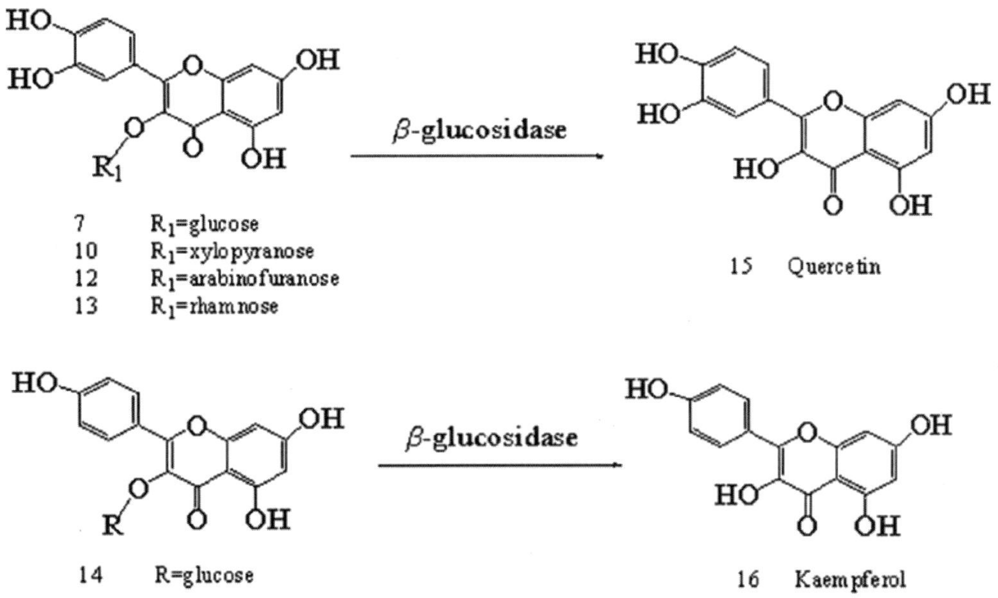

图 9-3 发酵结合复合酶加工处理番石榴叶过程中槲皮素与山奈酚可能的生物转化途径

9. 3. 3 发酵结合复合酶加工对番石榴叶抗氧化活性的影响

为了全面地反映样品的抗氧化能力，我们采用 DPPH、ABTS 和 NO2- 自由基清除活性以及还原力测试四种抗氧化测定模式对不同加工方式处理后的番石榴叶提取液抗氧化能力进行评价，结果如图 9-4A-F 和表 9-3 所示。SPUF 展示了较高的 DPPH 自由基清除活性（IC_{50} = 39.5 μg/mL），与阳性对照 Trolox（IC_{50} = 39.6 μg/mL）以及 Vc（IC_{50}= 38.6 μg/mL）相比无显著性差异。如图 9-4A 所示，当 SPFE 浓度为 20 μg/mL 和 40 μg/mL 时，其 DPPH 自由基清除活性分别达到 58.6% 和 81.2%。然而，在相同浓度下，IBPFE 的清除活性仅为 11.4% 和 26.9%（图 9-4B）。SPFE（IC_{50} = 14.7 μg/mL）对 DPPH 自由基的清除活性明显高于 SPF（IC_{50} = 27.1 μg/mL）和 SPUF（IC_{50}= 39.5 μg/mL）（p < 0.01）。

图 9-4C 所示的结果也证实，与 SPUF 和 SPF 相比，SPFE 明显有更高的 $ABTS^+$ 自由基清除能力。此外，SPFE 和 SPF 的 $ABTS^+$ 自由基清除活性也明显高于阳性对照 Trolox 以及 Vc。当 SPFE 样品浓度为 20 μg/mL 时，$ABTS^+$ 自由基清除活性达到 81.7%。对于 SPF 和 SPUF，$ABTS^+$ 自由基清除能力分别为 54.1% 和 69.4%。但在相同浓度下，IBPFE 的 $ABTS^+$ 自由基清除活性仅为 29.7%（图 9-4D）。SPFE（IC_{50} = 4.5 μg/mL）对 ABTS 自由基清除活性明显高于 SPF（IC_{50}= 9.4 μg/mL）、SPUF（IC_{50} = 18.6 μg/mL）、Trolox（IC_{50} = 18.3 μg/mL）和 Vc（IC_{50}= 12.3 μg/mL）。

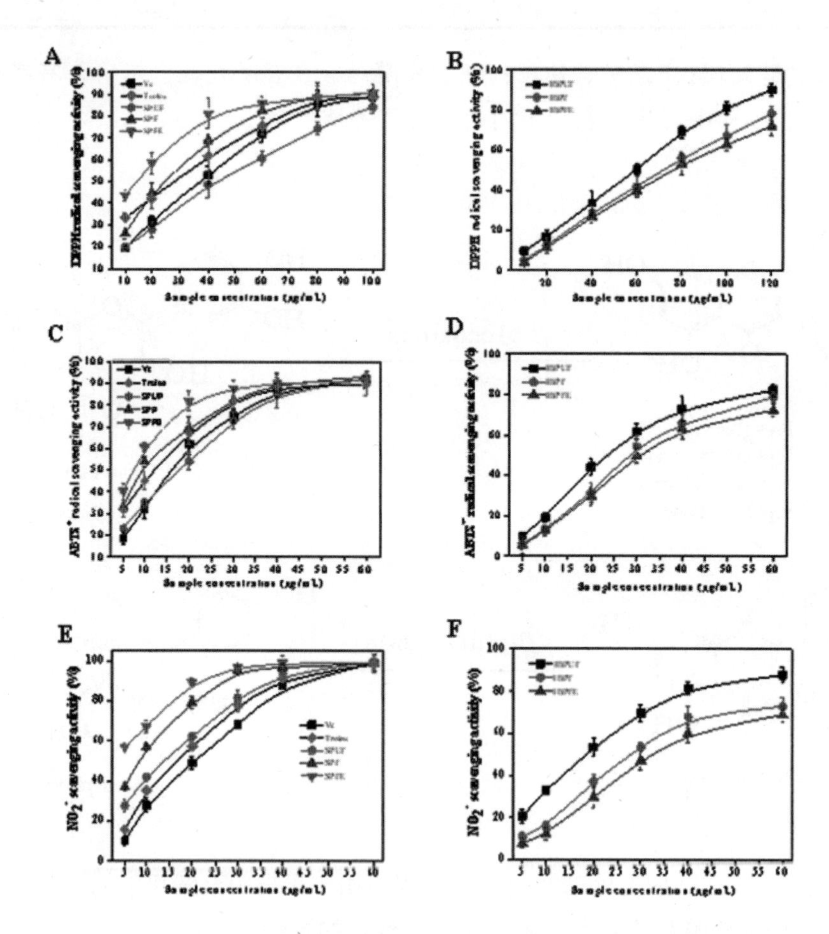

图9-4 不同加工处理番石榴叶可溶性多酚与不可溶性-结合态多酚的DPPH(A,B),ABTS+(C,D）和 NO2-（E，F）自由基清除能力

图 9-4 EF 和表 9-3 结果显示了不同加工方式对番石榴叶可溶性和不溶性－结合态多

酚类提取液清除 NO_2^- 自由基活性的影响。同样，我们发现 SPUF 清除 NO_2^- 自由基活性明显高于阳性对照 Trolox。而 SPFE 和 SPF 清除 NO_2^- 自由基活性均明显高于 SPUF。当浓度为 20 μg/mL 时，SPF 和 SPUF 对 NO_2^- 自由基清除活性分别为 79.1% 和 62.3%，而 SPFE 的清除活性达到 89.5%（图 9-4E）。但在相同浓度下，IBPFE 清除 NO_2^- 自由基活性仅为 29.72%（图 9-4F）。SPFE（IC_{50} = 2.8 μg/mL）对 NO_2^- 自由基清除活性也明显高于 SPF（IC_{50} = 8.5 μg/mL）、SPUF（IC_{50}= 14.3 μg/mL）、Trolox（IC_{50} = 17.8 μg/mL）和 Vc（IC_{50} = 21.4 μg/mL）。

图 9-5AB 和表 9-3 显示了不同加工处理对番石榴叶可溶性和不溶性－结合态酚类提取液的还原能力影响。所有样本提取液和 Trolox 的还原能力均随多酚浓度的增加而增加。SPFE 明显最强的还原能力，当浓度为 200 μg/mL 时，其还原力达到 68.6 mmol TE/g DM（图 9-5AB）。样品的还原能力顺序为：SPFE（97.86 mmol TE/g DM）> SPF（50.3 mmol TE/g DM）> SPUF（7.4 mmol TE/g DM）。SPFE 的还原能力明显高于 SPF 和 SPUF。此外，可溶性多酚提取液的还原能力（SPF /SPUF）也远高于不溶性－结合多酚（IBF /IBFE）。在相同的浓度下，IBPUF（11.4 mmol TE/g DM）的还原力高于 IBFE（3.5 mmol TE/g DM）以及 IBF（2.9 mmol TE/g DM）。

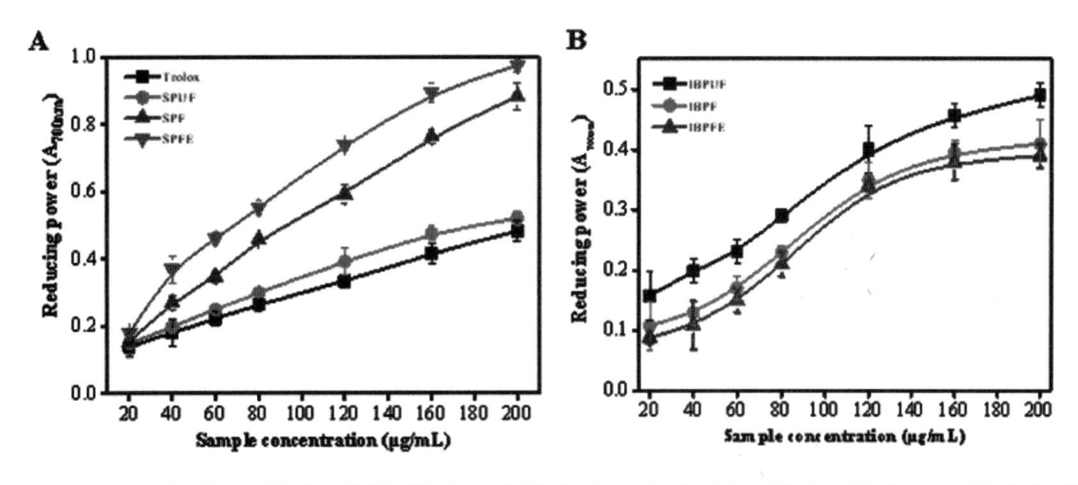

图 9-5 不同加工处理后番石榴叶可溶性多酚（A）与不可溶性－结合态多酚（B）提取液还原能力

酚类物质是植物原料、茶制品和谷物食品中的重要天然抗氧化剂[298]。本研究采用多种抗氧化检测方法，评价了不同加工处理下番石榴叶中可溶性和不溶性酚类物质的抗氧化活性。结果表明，发酵处理明显提高了可溶性酚类提取液的 DPPH、$ABTS^+$ 和 NO_2^- 自由基清除活性以及还原能力。番石榴叶抗氧化活性和还原力变化趋势与其酚类含量变化基本一致。发酵结合复合酶处理极大地促进了番石榴叶可溶性酚类物质的释放，使不溶性－结合态酚类物质含量降低。重要的是，发酵结合复合酶加工进一步提高了可溶性酚类化合物的抗氧化活性和还原能力。许多研究已经证实，槲皮素和山奈酚等苷元类化合物比其糖苷类化合物具有更高的抗氧化活性[299]。通过发酵处理释放番石榴叶可溶性酚类后，其再经复合酶处理，黄酮糖苷（异槲皮苷、槲皮苷、槲皮素-3-O-β-D-吡喃木糖苷、扁蓄苷、山奈酚-3-O-葡萄糖）被转化为槲皮素和山奈酚。因此，发酵结合复合酶处理后的番石榴叶可溶性酚类物质的抗氧化活性和还原能力明显高于未发酵或发酵的番石榴叶。

表 9-3 不同加工处理番石榴叶可溶性多酚与不可溶性-结合态多酚抗氧化能力（IC_{50}），还原能力以及 α-葡萄糖苷酶抑制能力（IC_{50}）

Stages	Samples		Control	
	Soluble	Insoluble-bound	Vc	Trolox
	IC_{50} for scavenging effects of $ABTS^+$ (μg/mL)			
UF	18.6 ± 0.2Cc	27.8 ± 1.3Da		
F	9.4 ± 0.3Bb	33.2 ± 2.2Db	18.3 ± 0.9Ca	12.3 ± 0.1Ba
FE	4.5 ± 0.3Aa	36.2 ± 1.1Db		
	IC_{50} for scavenging effects of DPPH (μg/mL)			
UF	39.5 ± 1.3Cc	60.3 ± 2.6Da		
F	27.1 ± 0.9Bb	75.2 ± 3.2Db	38.6 ± 1.0Cc	39.6 ± 0.5Cc
FE	14.7 ± 0.3Aa	80.7 ± 2.7Dc		
	IC_{50} for scavenging effects of NO_2^- (μg/mL)			
UF	14.3 ± 1.0Ac	20.5 ± 1.8Ba		
F	8.5 ± 0.5Ab	33.0 ± 1.1Cb	21.4 ± 1.1Bc	17.8 ± 0.1Ba
FE	2.8 ± 0.2Aa	38.1 ± 2.0Dc		
	Reducing power (mmol TE /g DM)			
UF	7.4 ± 1.6Aa	11.4 ± 0.3Bb		
F	50.3 ± 2.3Bb	3.5 ± 0.1Aa		
FE	68.9 ± 1.6Bc	2.9 ± 0.6Aa		
	IC_{50} for the inhibition activity of α-glucosidase (μg/mL)		Acarbose	
UF	29.1 ± 1.5Ac	71.6 ± 2.3Ba		
F	19.2 ± 1.3Ab	104.4 ± 1.9Bb	178.52 ± 3.1Ba	
FE	11.8 ± 1.6Aa	112.2 ± 2.1Bb		

注：不同小写字母代表同列之间显著性差异，不同大写字母代表同行之间显著性差异。

结果也表明，ABTS 法测定的抗氧化能力明显比 DPPH 法结果更灵敏。Floegel 等人证实，

ABTS 检测是基于产生蓝色 / 绿色 ABTS，适用于亲水性和亲脂性抗氧化系统 [300]。而 DPPH 法是一种溶解在有机介质中的自由基，适用于疏水系统。因此，番石榴叶中酚类物质的抗氧化活性测定中，ABTS 比 DPPH 更有活性。结果也表明，番石榴叶提取液中酚类物质是影响抗氧化活性和还原能力的主要组分。而发酵结合酶处理后极大地提高了番石榴叶可溶性酚类物质的含量。Ti 等人利用酶解作用使细胞壁或蛋白淀粉大量结合的抗氧化酚类物质释放出来 [301]。Liu 等人利用多种酶水解改变了米糠酚类物质的组成，提高其酚酸例如没食子酸和槲皮素的含量，进而增加了抗氧化活性 [297]。总之，提高食品或者植物基质酚类化合物的抗氧化活性和还原力有两种方法：一种是提高可溶性酚类化合物的释放；另一种利用生物转化形成活性更强的酚类化合物，例如槲皮素以及山奈酚等苷元类。

9.3.4 发酵结合复合酶加工对番石榴叶 α－葡萄糖苷酶抑制活性影响

如图 9–6AB 和表 9–3 所示，不同加工方式处理后，番石榴叶可溶性多酚与结合态多酚提取液 α－葡萄糖苷酶抑制活性也随多酚类物质浓度的增加而增强。虽然 SPUF 也展示较高的 α－葡萄糖苷酶抑制活性，但是发酵后其 α－葡萄糖苷酶的抑制作用明显更强。当浓度为 15 μg/mL 时，α－葡萄糖苷酶的抑制活性达到 72%（图 9–6A）。更重要的是，SPFE（IC_{50} = 5.9 μg/mL）的 α－葡萄糖苷酶抑制活性明显比 SPF（IC_{50} = 9.5 μg/mL）和 SPUF（IC_{50} = 14.5 μg/mL）更高。此外，可溶性酚类提取液对 α－葡萄糖苷酶的抑制能力也高于不溶性结合酚类物质抑制活性。IBPF（IC_{50} = 52.2 μg/mL）和 IBPFE（IC_{50}= 56.2 μg/mL）对 α－葡萄糖苷酶的抑制能力均明显低于 IBPUF（IC_{50}= 35.8 μg/mL）。

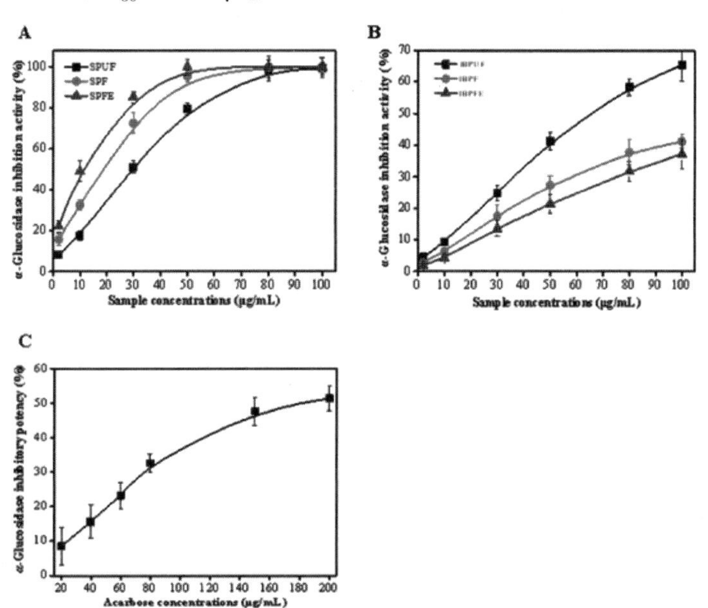

图9–6 不同加工处理番石榴叶可溶性多酚(A)，不可溶性－结合态多酚(B)以及阿卡波糖(C)对 α－葡萄糖苷酶抑制活性

虽然目前治疗糖尿病的药物有很多种类型，但是大部分都属于化学合成药物，均会对人体产生副作用或者药物依赖症。研究表明，天然产物中的 α－葡萄糖苷酶抑制剂在治疗糖尿病有

非常好的效果。而天然产物中含有大量的 α－葡萄糖苷酶抑制剂，例如黑豆或绿茶提取物中的酚酸和黄酮类化合物对 α－葡萄糖苷酶有较强的抑制作用[302, 303]。在本章中，通过微生物发酵促进番石榴叶中可溶性酚类物质的释放，从而增强其 α－葡萄糖苷酶抑制活性。Wang 等人利用植物乳杆菌发酵提高了洋姜的 α－葡萄糖苷酶的体外抑制作用。通过进一步的小鼠实验证实其也能明显改善小鼠的高血糖症状[304]。发酵结合复合酶水解不仅进一步提高了番石榴叶中可溶性酚类物质的含量，而且大大提高了番石榴叶中核心抗氧化以及降血糖核心功效组分含量（槲皮素与山奈酚）。众所周知，槲皮素可以与小肠、肝脏、骨骼肌、胰腺和脂肪组织中的许多分子靶点相互作用，并能调节和维持人体血糖稳态。槲皮素的调节机制包括抑制肠道葡萄糖吸收，激活胰岛素敏感性，促进胰岛素的分泌，从而改善细胞或者组织葡萄糖利用率。此外，研究也证实槲皮素与山奈酚在人肠道内的吸收效率和对 α－葡萄糖苷酶的抑制作用远高于其糖苷衍生物[305]。因此，番石榴叶中可溶性总酚类、核心组分（槲皮素和山奈酚）含量的增加可明显增强对其 α－葡萄糖苷酶抑制活性。

9.4 本章小结

研究表明，黄酮苷元（例如槲皮素与山奈酚）的生物活性明显强于其糖苷类化合物，而且苷元型黄酮在人体小肠的吸收速率也明显好于黄酮糖苷类化合物。本章成功地通过两步加工法（微生物发酵结合酶加工），不仅促进了番石榴叶可溶性多酚化合物的释放，而且将其释放的黄酮糖苷类化合物定向转化为黄酮苷元，进一步增强了番石榴叶茶类产品生物学活性。主要结论如下：

（1）相对于未发酵番石榴叶，发酵结合酶处理加工番石榴叶提取液可溶性多酚、黄酮、槲皮素与山奈酚含量分别增加了 2.1，2.0，13.0 与 6.8 倍。

（2）发酵结合复合酶加工明显提高了番石榴叶提取液 DPPH、$ABTS^+$ 和 NO_2^- 自由基清除能力以及还原力。

（3）发酵结合复合酶加工番石榴叶（IC_{50} = 5.9 μg/mL）对 α－葡萄糖苷酶抑制活性明显高于发酵加工番石榴叶（IC_{50} = 9.5 μg/mL）和未发酵番石榴叶（IC_{50} = 14.5 μg/mL）。

结论与展望

结　论

本论文系统地对不同来源番石榴叶产品建立了质量快速评控方法，筛选出质量最好的番石榴叶原料进行下一步发酵增效研究；同时分别构建了番石榴叶抗氧化以及降血糖活性组分快速鉴别方法，明确番石榴叶多酚组分中核心功效成分以及后期发酵定向转化目标组分；通过筛选合适的益生菌对番石榴叶原料进行发酵加工，促进其可溶性酚类化合物的释放，增强其活性成分生物利用率，并初步探究其可溶性多酚释放的酶学机制，完善了天然产物发酵增效理论体系。本文也利用了发酵结合复合酶两步加工法，既促进了番石榴叶多酚类活性组分的释放，又提高了其核心功效组分含量，极大地增强了番石榴叶产品药理学活性；找到了番石榴叶发酵度控制的关键影响因子，将对发酵天然产物的质量控制有重要指导意义。该研究有助于充实天然产物发酵转化增效理论，为开发番石榴叶以及其他天然产物资源在大健康领域的利用提供创新技术方法。本研究的主要结论如下。

1. 不同来源番石榴叶黄酮组分指纹图谱构建以及特征分析

（1）利用指纹图谱技术结合化学计量数分析将不同地区采集的番石榴叶样品分成两大类：簇Ⅰ样品包括杭州（浙江省），韶关、番禺、江门、东莞与梅州（广东省），台北和台南（台湾省）与南平（福建省）；簇Ⅱ样品包括亳州与合肥（安徽省），保定（河北省），衡阳、岳阳与郴州（湖南省）。

（2）不同地区番石榴叶黄酮组分以及含量有非常明显的差异，而相同或者相邻区域样品没有明显的种质资源差异。

（3）谱效关系结果表明，槲皮素糖苷以及苷元（槲皮素与山奈酚）是控制不同来源番石榴叶质量的关键因子。因此，HPLC 活性成分指纹图谱技术结合化学计量数分析和构效关系分析在番石榴叶产品的真实性与质量评控方面具有很大的应用潜力。

2. 番石榴叶活性多酚组分体外抗氧化活性成分的快速鉴别

（1）构建了离线 HPLC-FRSAD 筛选方法，并通过混合多酚标准体系验证其具有高灵敏度以及可靠性等特点，鉴别了番石榴叶提取液中主要的抗氧化酚类成分为没食子酸、原花青素 B3、槲皮素以及山奈酚。

（2）构效关系分析结果表明，酚类化合物结构中羟基的数量和位置对其自由基清除能力有非常重要的影响。黄酮类化合物的羟基化可以提高抗氧化活性，而黄酮类化合物羟基结构被糖基化或者被氢原子取代则明显降低其抗氧化能力。

3. 番石榴叶活性多酚组分体外降血糖活性成分的快速鉴别

（1）番石榴叶提取液对 α－葡萄糖苷酶的抑制作用 [IC_{50} =（19.37 ± 0.21）μg/mL] 明显强于阳性药物阿卡波糖 [IC_{50} =（178.52 ± 1.37）μg/mL]，说明番石榴叶提取液具有较强的体外降血糖活性。

（2）本章首次构建了亲和超滤离心 -HPLC-TOF/MS（BAUF-HPLC-TOF/MS）法，对番石榴叶中潜在的 α-葡萄糖苷酶抑制剂进行筛选。并确定了最佳亲和超滤离心筛选的条件：10 U/mL α-葡萄糖苷酶浓度和 30 kDa 孔径膜滤器。

（3）从番石榴叶提取液中鉴别了 12 种与 α-葡萄糖苷酶有较强亲和作用的活性分子，其中槲皮素（AD = 18.86%）与原花青素 B3（AD = 8.54%）对 α-葡萄糖苷酶亲和能力最强。并验证了槲皮素 [IC_{50} =（4.51 ± 0.71）μg/mL]、扁蓄苷 [IC_{50} =（21.84 ± 3.82）μg/mL] 和原花青素 B3[IC_{50} =（28.67 ± 5.81）μg/mL] 是番石榴叶茶中核心降血糖活性分子。

（4）结构-活性关系分析揭示了天然产物中多酚以及黄酮化合物羟基数量以及位置明显影响其对 α-葡萄糖苷酶的抑制活性；黄酮化合物羟基化作用可提高其对 α-葡萄糖苷酶的抑制作用；而糖基化作用将降低其对 α-葡萄糖苷酶的抑制作用；原花青素类化合物对 α-葡萄糖苷酶有较强的抑制作用。

4. 发酵番石榴叶黄酮组分变化趋势

（1）不同季节采集的番石榴叶样品活性组分差异较大，通过不同的微生物发酵可以增加番石榴叶黄酮组分含量。

（2）通过对不同季节收集的番石榴叶样品发酵前后建立黄酮 HPLC 指纹图谱，结合 PCA 以及 HCA 化学计量数分析，综合评估番石榴叶质量一致性。得出微生物发酵可以明显提高番石榴叶质量一致性，提高其产品功效稳定性。

5. 发酵番石榴叶可溶性多酚释放与活性增强

（1）成功筛选了 4 株产纤维素酶菌株，通过 16S RNA 技术鉴定为节杆菌属 AS1，2 株芽孢菌属 BS2 与 BS3 以及粪产碱杆属 AS4。其中芽孢菌 BS2 与红曲菌固态发酵能够最大地促进番石榴叶不溶性结合多酚类活性组分的释放，进而提高可溶性多酚含量。

（2）红曲菌与芽孢菌 BS2 固态发酵条件优化：接种量维持在 2 ∶ 1，发酵基质含水量维持为 60%，发酵时间为 8 天时，番石榴叶总可溶性多酚的释放达到最大，为 53.37 mg GAE/g DM。

（3）HPLC-ESI-TOF/MS 鉴定番石榴叶多酚组分为没食子酸，绿原酸，L-表儿茶素，原花青素 B3，芦丁，槲皮素-3-阿拉伯吡喃糖苷，槲皮素-3-O-β-D-吡喃木糖苷，山奈酚-3-阿拉伯呋喃糖苷，异槲皮苷，扁蓄苷，槲皮苷，槲皮素和山奈酚。

（4）多酚类化合物均以两种形式（可溶性与不可溶-结合态）存在于番石榴叶基质中，且发酵后槲皮素-3-O-β-D-吡喃木糖苷、槲皮素-3-O-α-L-阿拉伯吡喃糖苷、异槲皮苷、扁蓄苷、山奈酚-3-阿拉伯呋喃糖苷、槲皮素与山奈酚以可溶性多酚形式的含量均明显提高，然而发酵会造成没食子酸含量明显降低。

（5）红曲菌与芽孢菌共发酵显著地增强了番石榴叶可溶性多酚的抗氧化能力以及抗 DNA 损伤能力，并且在发酵过程中，未检测到桔霉素的产生。因此，红曲菌与芽孢菌共发酵不仅可以提升番石榴叶生物学活性，而且还避免了传统渥堆发酵茶类产品真菌毒素的产生。

6. 发酵番石榴叶可溶性多酚释放的酶学机制

（1）红曲菌与芽孢菌共发酵番石榴叶过程中，可溶性多酚明显增加，且在发酵第 8 天时达到最高为 53.08 mg GAE/g DM；而结合态多酚明显下降。

（2）红曲菌与芽孢菌共发酵过程中各水解酶系变化与可溶性多酚变化一致。均在发酵第 8 天时达到最大，总纤维素酶活力达到了 31.32 U/g；α－淀粉酶活力达到 83.05 U/g；木聚糖酶活力为 5.27 U/g，然而 β－葡萄糖苷酶活力却仅仅为 0.19 U/g。随着发酵时间增加，各水解酶活力出现下降。

（3）纤维素酶、α－淀粉酶以及 β－葡萄糖苷酶添加量与番石榴叶总可溶性多酚的释放量存在明显的正相关，相关性值 R 分别达到了 0.8878，0.8089 与 0.8428（$p < 0.01$），而木聚糖酶的添加量与总可溶性多酚释放相关性较低仅仅为 0.5192（$p < 0.5$）。

（4）低浓度复合酶处理（< 50 U/g）对番石榴叶可溶性多酚释放影响不大，而高浓度复合酶（> 300 U/g）能够明显促进番石榴叶多酚的释放，但是其释放的总多酚含量（42.54 mg GAE/g DM）明显低于发酵处理组（53.08 mg GAE/g DM）。

7. 番石榴叶发酵基于多酚释放发酵度的控制

（1）发酵过程中 HPLC 指纹图谱方法结合化学计量学分析可以成功用于番石榴叶发酵成熟度的快速判定。番石榴叶抗氧化能力和 α－葡萄糖苷酶抑制活性随发酵时间的增加呈现三阶段变化趋势：发酵初期快速升高（1 ～ 7 天），发酵成熟期逐渐降低（8 ～ 13 天），发酵过度期保持不变或者略有降低（发酵 13 天后）。

（2）通过主成分分析找到了控制发酵番石榴叶生物活性的的关键因子：没食子酸，槲皮素 -3-O-α-L- 阿拉伯吡喃糖苷，槲皮素和山奈酚。这 4 个关键因子含量高低可以作为判定番石榴叶发酵成熟与否的重要标志物。

（3）通过相关性分析结果证实：番石榴叶总酚含量、总黄酮含量、槲皮素、山奈酚与体外抗氧化活性以及 α－葡萄糖苷酶抑制活性有极显著的相关性。

8. 发酵结合复合酶水解增强番石榴叶核心活性成分生物转化

（1）相对于未发酵番石榴叶，发酵结合酶处理加工番石榴叶提取液总可溶性多酚、黄酮、槲皮素与山奈酚含量分别增加了 2.1，2.0，13.0 与 6.8 倍。

（2）发酵结合复合酶加工明显提高了番石榴叶提取液 DPPH、$ABTS^+$ 和 NO_2- 自由基清除能力以及还原力。

（3）发酵结合复合酶加工番石榴叶（IC_{50} = 5.9 μg/mL）对 α－葡萄糖苷酶抑制活性明显高于发酵加工番石榴叶（IC_{50} = 9.5 μg/mL）和未发酵番石榴叶（IC_{50} = 14.5 μg/mL）更高。

创 新 点

（1）本研究首次建立番石榴叶原料活性成分 HPLC 指纹图谱，结合化学计量学方法分析以及谱效关系分析，对不同来源的番石榴叶进行质量评估，为番石榴叶或者其他天然产物资源分析以及质量评控提供新的方法；

（2）本文解决了从天然产物或者中草药提取液传统多级分离筛分活性成分耗时、耗力、环境污染大等问题。建立番石榴叶抗氧化以及降血糖活性成分快速鉴别方法，为天然产物生物活性成分快速初筛提供了新的思路；

（3）建立了固态发酵天然产物多酚释放与转化增效理论，并阐明其释放与定向转化的酶学机制；基于多酚释放与生物活性变化趋势找到了控制番石榴叶发酵度的关键因子，实现了发酵天然产物功效的高效监控。为提升和开拓番石榴叶以及其他天然产物资源的综合利用提供创新技术方法。

展 望

（1）本文只对番石榴叶中主要小分子活性组分（多酚与黄酮）进行了研究，而番石榴叶中还有少部分大分子萜类与多糖化合物在抗氧化以及降血糖功效中也有非常重要的作用。因此，需要继续对番石榴叶中萜类以及多糖组分进行分离与鉴定，并且比较番石榴叶中多酚组分、黄酮组分、萜类组分、多糖组分以及其他组分在降血糖作用中的权重，进一步明确番石榴叶的核心降血糖组分。

（2）本文主要研究了发酵过程中碳水化合物水解酶系与番石榴叶多酚的释放关系，而没有研究发酵过程中其他酶类对多酚释放的影响，有必要通过蛋白质组学技术找到其他关键酶系。

（3）本研究主要侧重于通过微生物发酵增强番石榴叶提取液体外抗氧化以及降血糖活性研究，对于抗氧化、降血糖的功效评估还需要动物实验来进一步验证。

（4）番石榴叶通过微生物发酵后，其茶类产品刺激性风味变淡，口感变佳。因此对于发酵过程中番石榴叶茶风味成分的变化规律以及风味成分生物转化机制还有待进一步阐明。

参考文献

[1] Chattopadhyay M, Khemka V K, Chatterjee G, et al. Enhanced ROS production and oxidative damage in subcutaneous white adipose tissue mitochondria in obese and type 2 diabetes subjects[J]. Molecular & Cellular Biochemistry, 2015,399(1–2):95–103.

[2] Nolan C J, Ruderman N B, Kahn S E, et al. Insulin resistance as a physiological defense against metabolic stress: Implications for the management of subsets of type 2 diabetes[J]. Diabetes, 2015,64(3):673.

[3] Rojas–Garbanzo C, Zimmermann B F, Schulze–Kaysers N, et al. Characterization of phenolic and other polar compounds in peel and flesh of pink guava (Psidium guajava L. Cv. Criolla) by ultra–high–performance liquid chromatography with diode array and mass spectrometric detection[J]. Food Research International, 2017,100:445–453.

[4] Eidenberger T, Selg M, Krennhuber K. Inhibition of dipeptidyl peptidase activity by flavonol glycosides of guava (Psidium guajava L.): A key to the beneficial effects of guava in type II diabetes mellitus[J]. Fitoterapia, 2013,89(7):74.

[5] D í az–De–Cerio E, Rodr í guez–Nogales A, Algieri F, et al. The hypoglycemic effects of guava leaf (Psidium guajava L.) extract are associated with improving endothelial dysfunction in mice with diet–induced obesity[J]. Food Research International, 2017,96:64–71.

[6] D í az–De–Cerio E, G ó mez–Caravaca A M, Verardo V, et al. Determination of guava (Psidium guajava L.) leaf phenolic compounds using HPLC–DAD–QTOF–MS[J]. Journal of Functional Foods, 2016,22:376–388.

[7] Nantitanon W, Okonogi S. Comparison of antioxidant activity of compounds isolated from guava leaves and a stability study of the most active compound[J]. Drug Discoveries & Therapeutics, 2012,6(1):38–43.

[8] Guti é rrez R M, Mitchell S, Solis R V. Psidium guajava: A review of its traditional uses, phytochemistry and pharmacology[J]. Journal of Ethnopharmacology, 2008,117(1):1–27.

[9] Irondi E A, Agboola S O, Oboh G, et al. Guava leaves polyphenolics–rich extract inhibits vital enzymes implicated in gout and hypertensionin vitro[J]. Journal of Intercultural Ethnopharmacology, 2016, 5(2): 122–130.

[10] Chetri K, Sanyal D, Kar P L. Changes in nutrient element composition of guava leaves in relation to season, cultivar, direction of shoot, and zone of leaf sampling[J]. Communications in Soil Science & Plant Analysis, 1999,30(1–2):121–128.

[11] D í azdecerio E, Verardo V, G ó mezcaravaca A M, et al. Exploratory characterization of phenolic compounds with demonstrated anti–diabetic activity in guava leaves at different oxidation

states[J]. International Journal of Molecular Sciences, 2016, 17(5):699.

[12] Díaz-De-Cerio E, Verardo V, Gómez-Caravaca A M, et al. Determination of polar compounds in guava leaves infusions and ultrasound aqueous extract by HPLC-ESI-MS[J]. Journal of Chemistry, 2015, 2015(44): 1-9.

[13] Braga T V, Ramos C S, Tinoco L M D S, et al. Antioxidant, antibacterial and antitumor activity of ethanolic extract of the Psidium guajava leaves[J]. American Journal of Plant Sciences, 2014, 05(23): 3492-3500.

[14] Chen H Y, Yen G C. Antioxidant activity and free radical-scavenging capacity of extracts from guava (Psidium guajava L.) leaves[J]. Food Chemistry, 2007,101(2):686-694.

[15] Pérez-Pérez E, Ettiene G, Marín M, et al. Determination of total phenols and flavonoids in guava leaves (Psidium guajava L.)[J]. Revista De La Facultad De Agronomia, 2014, 31(1):60-77.

[16] 王光，张海林. 番石榴叶总黄酮两种提取方法的比较研究 [J]. 商品与质量：理论研究，2012(S5)：305-306.

[17] Wang L, Bei Q, Wu Y, et al. Characterization of soluble and insoluble-bound polyphenols from Psidium guajava L. Leaves co-fermented with Monascus anka and Bacillus sp and their bio-activities[J]. Journal of Functional Foods, 2017, 32:149-159.

[18] Kuzuyama T. Biosynthetic studies on terpenoids produced by Streptomyces[J]. Journal of Antibiotics, 2017.

[19] 李吉来，陈飞龙. 番石榴叶挥发油成分的 GC-MS 分析 [J]. 中药材，1999(2)：78-80.

[20] Begum S, Hassan S I, Siddiqui B S, et al. Triterpenoids from the leaves of Psidium guajava[J]. Phytochemistry, 2002,61(4): 399-403.

[21] 陈颖，张晓绮，王英，等. 运用加压溶剂提取结合 HPLC-DAD-ELSD 同步检测番石榴中九个三萜类成分（摘要）[C]. 海峡两岸暨 CSNR 全国第十届中药及天然药物资源学术研讨会，中国甘肃兰州，2012.

[22] 张婷婷. 番石榴叶三萜类成分的含量测定与特征图谱研究 [D]. 暨南大学，2014.

[23] 李庆英，延慧君，朱铁良，等. 链格孢菌对熊果酸的微生物转化产物研究 [J]. 武警后勤学院学报（医学版），2012，21(12)：978-979.

[24] Tang G H, Dong Z, Guo Y Q, et al. Psiguajadials A-K: Unusual psidium meroterpenoids as phosphodiesterase-4 inhibitors from the leaves of Psidium guajava[J]. Scientific Reports, 2017, 7(1):1047.

[25] Jiang C, Liang L, Guo Y. Natural products possessing protein tyrosine phosphatase 1B (PTP1B) inhibitory activity found in the last decades[J]. 中国药理学报，2012，33(10)：1217.

[26] 李海珊，刘丽乔，聂少平. 茶多糖对小鼠肠道健康及免疫调节功能的影响 [J]. 食品科学，2017，38(7)：187-192.

[27] Chen H, Zhang M, Qu Z, et al. Antioxidant activities of different fractions of polysaccharide conjugates from green tea (Camellia sinensis)[J]. Food Chemistry, 2008, 106(2):559-563.

[28] Chen H, Qu Z, Fu L, et al. Physicochemical properties and antioxidant capacity of 3

polysaccharides from green tea, oolong tea, and black tea[J]. Journal of Food Science, 2009, 74(6):C469.

[29] Mao L, Shao S, Sun S, et al. Purification, physicochemical characterization, and bioactivities of polysaccharides from Puerh tea[J]. Journal of the Science of Food & Agriculture, 2014, 2(12):1007–1014.

[30] 曾昭智，孔繁晟，张锦红．番石榴叶中多糖超声提取工艺优化 [J]．广东药学院学报，2013，29(2)：134–137.

[31] Khawas S, Sivová V, Anand N, et al. Chemical profile of a polysaccharide from Psidium guajava leaves and it's in vivo antitussive activity[J]. International Journal of Biological Macromolecules, 2017,109:681.

[32] 杜阳吉，王三永，李春荣．番石榴叶黄酮与多糖提取及其降血糖活性研究 [J]．食品研究与开发，2011，32(10)：56–59.

[33] Kim S Y, Kim E A, Kim Y S, et al. Protective effects of polysaccharides from Psidium guajava leaves against oxidative stresses[J]. International Journal of Biological Macromolecules, 2016, 91:804–811.

[34] Wang L, Wu Y, Huang T, et al. Chemical compositions, antioxidant and antimicrobial activities of essential oils of Psidium guajava L. Leaves from different geographic regions in china[J]. Chemistry & Biodiversity, 2017, 14(9).

[35] Khadhri A, Mokni R E, Almeida C, et al. Chemical composition of essential oil of Psidium guajava L. Growing in Tunisia[J]. Industrial Crops & Products, 2014, 52(1):29–31.

[36] 王波，刘衡川，徐亚军，等．攀枝花地区野生番石榴叶提取物中 Zn、Mg、Cr、V 等微量元素分析 [J]．广东微量元素科学，2005，12(11)：38–41.

[37] 许雪飞．对番石榴叶、果、籽和根中糖尿病有效元素 (Zn、Mn、Cu、Cr) 的测定和评价 [D]．中山大学，2003.

[38] 王波，洪君蓉，焦士蓉，等．番石榴叶提取物抗氧化作用研究：达能营养中心第九次学术年会会议，2006.

[39] Chetri K, Sanyal D, Kar P L. Changes in nutrient element composition of guava leaves in relation to season, cultivar, direction of shoot, and zone of leaf sampling[J]. Communications in Soil Science & Plant Analysis, 1999, 30(1–2):121–128.

[40] Ashraf A, Sarfraz R A, Rashid M A, et al. Chemical composition, antioxidant, antitumor, anticancer and cytotoxic effects of Psidium guajava leaf extracts[J]. Pharmaceutical Biology, 2016,54(10):1971–1981.

[41] 邵祥辉．番石榴叶降血糖成分分离、结构鉴定及机理研究 [D]．华南农业大学，2011.

[42] 匡乔婷．番石榴叶三萜化合物改善 3t3–l1 脂肪细胞胰岛素抵抗及其作用机制 [D]．暨南大学，2012.

[43] Hui W, Du Y J, Song H C. α–Glucosidase and α–amylase inhibitory activities of guava leaves.[J]. Food Chemistry, 2010,123(1):6–13.

[44] Jo S H, Ka E H, Lee H S, et al. Comparison of antioxidant potential and rat intestinal α-glucosidases inhibitory activities of quercetin, rutin, and isoquercetin[J]. International Journal of Applied Research in Natural Products, 2009,2(4):52-60.

[45] Deguchi Y, Miyazaki K. Anti-hyperglycemic and anti-hyperlipidemic effects of guava leaf extract[J]. Nutrition & Metabolism, 2010,7(1):9.

[46] Choi J S, Kim J, Ali M Y, et al. Coptis chinensis alkaloids exert anti-adipogenic activity on 3T3-L1 adipocytes by downregulating C/EBP-α and PPAR-γ[J]. Fitoterapia, 2014,98:199.

[47] Chiwororo W D, Ojewole J A. Spasmolytic effect of Psidium guajava Linn. (Myrtaceae) leaf aqueous extract on rat isolated uterine horns[J]. Journal of Smooth Muscle Research, 2009,45(1):31-38.

[48] Mushtaq M, Akhtar B, Daud M, et al. In vitro antimicrobial activity of guava leaves extract against important bacterial and fungal strain[J]. International Journal of Biosciences, 2014.

[49] 陈淳，林清洪，林志楷，等. 番石榴叶黄酮类化合物提取及其粗提物对蔬菜病原真菌的抑菌活性 [J]. 亚热带植物科学，2015，44(4)：284-288.

[50] Nair Rathish, Chanda Sumitra. In-vitro antimicrobial activity of Psidium guajava L leaf extracts against clinically important pathogenic microbial strains[J]. Brazilian Journal of Microbiology, 2007, 38(3):452-458.

[51] Rattanachaikunsopon P, Phumkhachorn P. Contents and antibacterial activity of flavonoids extracted from leaves of Psidium guajava[J]. Journal of Medicinal Plant Research, 2010, 4(5):393-396.

[52] 黄海军，周迎春，鄢文，等. 番石榴叶中皂苷和挥发油抗轮状病毒作用研究 [J]. 医药导报，2008，27(07)：772-775.

[53] Siani A C, Souza M C, Henriques M G M O, et al. Anti-inflammatory activity of essential oils from S. Cumini and P. Guajava[J]. 2014.

[54] 邹湘辉，雷琦，庄东红 . 番石榴黄酮提取液对 HeLa 细胞及 ec109 细胞生长的影响 [J]. 广东医学 , 2012,33(7):914-916.

[55] D í az-De-Cerio E, Tylewicz U, Verardo V, et al. Design of sonotrode ultrasound-assisted extraction of phenolic compounds from Psidium guajava L. Leaves[J]. Food Analytical Methods, 2017:1-11.

[56] D í az-De-Cerio E, Tylewicz U, Verardo V, et al. Design of sonotrode ultrasound-assisted extraction of phenolic compounds from Psidium guajava L. Leaves[J]. Food Analytical Methods, 2017:1-11.

[57] Ademiluyi A O, Oboh G, Ogunsuyi O B, et al. A comparative study on antihypertensive and antioxidant properties of phenolic extracts from fruit and leaf of some guava (Psidium guajava L.) varieties[J]. Comparative Clinical Pathology, 2016,25(2):363-374.

[58] Hsieh C L, Lin Y C, Yen G C, et al. Preventive effects of guava (Psidium guajava L.) leaves and its active compounds against α-dicarbonyl compounds-induced blood coagulation[J]. Food Chemistry, 2012,103(2):528-535.

[59] Wu J W, Chiulan H, Wang H Y, et al. Inhibitory effects of guava (Psidium guajava L.) leaf extracts and its active compounds on the glycation process of protein[J]. Food Chemistry, 2009,113(1):78-84.

[60] 柳克铃，向大雄 . 中药指纹图谱的研究现状与展望 [J]. 中南药学 , 2003,1(3):159-161.

[61] 高华荣，孙相民. 中药指纹图谱在现代中药制剂中的应用 [J]. 中国实用医药，2009，4(14)：240-241.

[62] 张 宁. Detection method for Traditional Chinese medicine fingerprint spectrum of Qishe pellet preparation [P]:

[63] 李强，杜思邈，张忠亮，等. 中药指纹图谱技术进展及未来发展方向展望 [J]. 中草药，2013，44(22)：3095-3104.

[64] 刘珍. 中药薄层色谱指纹图谱方法学基础研究 [D]. 四川大学，2005.

[65] 袁敏，曾志，宋力飞，等. 气相色谱指纹图谱用于连翘的质量控制 [J]. 分析化学，2003，31(4)：455-458.

[66] Zhu J. Combinative method using HPLC fingerprint and quantitative analyses for quality consistency evaluation of an herbal medicinal preparation produced by different manufacturers.[J]. Journal of Pharmaceutical & Biomedical Analysis, 2010,52(4):597.

[67] 马欣，孙毓庆. 银杏叶提取物的多维指纹图谱研究 [J]. 色谱，2003，21(6)：562-567.

[68] 陈斌，李军会，臧鹏，等. 六味地黄丸指纹图谱的近红外光谱分析方法的建立 [J]. 光谱学与光谱分析，2010，30(8)：2124-2128.

[69] 赵静，马骥，庞其昌，等. 黄柏饮片光谱成像指纹图谱的研究 [J]. 中草药，2010，41(3)：384-386.

[70] 孙国祥，胡玥珊，金杰，等. 中药 X 射线衍射指纹图谱专家系统网格 (TCN-XFP-ESG) 构建与应用 [J]. 中南药学，2009，7(10)：766-769.

[71] 王忠华. DNA 指纹图谱技术及其在作物品种资源中的应用 [J]. 分子植物育种，2006，4(03)：425-430.

[72] 姜丽红，邹湘武，宁涤非，等. 台湾乳白蚁线粒体 DNA 提取及其 FRLP 的指纹图谱初建: 全国白蚁防治工作会议暨白蚁防治标准化技术委员会年会论文集，2012.

[73] 魏臻武 . 苜蓿基因组 DNA 的 RAPD 指纹图谱 [J]. 甘肃农大学报，2003，38(2)：154-157.

[74] 王树春，吕杨. 中药材熊胆的 X 衍射 Fourier 谱分析 [J]. 中草药，2000，31(3)：214-215.

[75] 冯毅凡，苏薇薇，吴忠，等. 华佗再造丸气相色谱指纹特征鉴别及质量评价 [J]. 中药材，1999(7)：373-376.

[76] 魏刚. 3 种中药复方制剂气相色谱 / 质谱联用鉴别研究 [J]. 中国中药杂志，2001，26(6)：399-401.

[77] 粟晓黎，林瑞超，王兆基，等. 中药鬼臼毒性成分 HPLC-UV 指纹图谱分析方法研究及与威灵仙、龙胆 HPLC 图谱比较 [J]. 中成药，2000，22(12)：819-824.

[78] 杨海龙，章克昌. 以薏苡仁为基质的灵芝液体发酵 - Ⅱ . 主要活性成分分析 [J]. 中国食品学报，2006，6(5)：105-110.

[79] 尤建良，赵景芳，章克昌，等. 发酵型中药生物制剂“康复灵”抑瘤实验研究 [J]. 实用临床医药杂志，2005，9(8)：46-47.

[80] Xiao J, Muzashvili T S, Georgiev M I. Advances in the biotechnological glycosylation of valuable flavonoids[J]. Biotechnology Advances, 2014, 32(6):1145-1156.

[81] Martins S, Mussatto S I, Mart í nez-Avila G, et al. Bioactive phenolic compounds: Production and extraction by solid-state fermentation. A review[J]. Biotechnology Advances, 2011, 29(3):365.

[82] Schmidt C G, Gon Alves L M, Luciana P, et al. Antioxidant activity and enzyme inhibition of phenolic acids from fermented rice bran with fungus Rizhopus oryzae[J]. Food Chemistry, 2014,146(3):371.

[83] Ali H K Q, Zulkali M M D. Utilization of agro-residual ligno-cellulosic substances by using solid state fermentation: A review.[J]. Croatian Journal of Food Technology, Biotechnology & Nutrition, 2011,6:5-12.

[84] Yin Z, Wu W, Sun C, et al. Comparison of releasing bound phenolic acids from wheat bran by fermentation of three Aspergillus species[J]. International Journal of Food Science & Technology, 2017.

[85] Liu A J, Shang X L, Zhu Z Y, et al. Analysis of the solid-state fermented soybean meal by Monascus[J]. Modern Food Science & Technology, 2009.

[86] **Dueñas M**, Hern á ndez T, Robredo S, et al. Bioactive phenolic compounds of soybean (Glycine max cv. Merit): Modifications by different microbiological fermentations.[J]. Polish Journal of Food & Nutrition Sciences, 2012,62(4):241-250.

[87] Vattem D A, Shetty K. Ellagic acid production and phenolic antioxidant activity in cranberry pomace (Vaccinium macrocarpon) mediated by Lentinus edodes using a solid-state system[J]. Process Biochemistry, 2003,39(3):367-379.

[88] Mao G. Study on production soybean isoflavone aglycon through Aspergillus niger fermentation[J]. Science & Technology of Food Industry, 2006,27(11):129-131.

[89] Starzy ń ska-Janiszewska A, Stodolak B, Jamr ó z M. Antioxidant properties of extracts from fermented and cooked seeds of Polish cultivars of Lathyrus sativus[J]. Food Chemistry, 2008,109(2):285-292.

[90] Bhanja T, Kumari A, Banerjee R. Enrichment of phenolics and free radical scavenging property of wheat koji prepared with two filamentous fungi.[J]. Bioresource Technology, 2009,100(11):2861.

[91] Singh H B, Singh B N, Singh S P, et al. Solid-state cultivation of Trichoderma harzianum NBRI-1055 for modulating natural antioxidants in soybean seed matrix.[J]. Bioresource Technology,

2010,101(16):6444–6453.

[92] Sarkar P K, Cook P E, Owens J D. Bacillus fermentation of soybeans[J]. World Journal of Microbiology & Biotechnology, 1993,9(3):295.

[93] Moore J, Cheng Z, Hao J, et al. Effects of solid–state yeast treatment on the antioxidant properties and protein and fiber compositions of common hard wheat bran[J]. Journal of Agricultural and Food Chemistry, 2007,55(25):10173–10182.

[94] Martins S, Mussatto S I, Mart í nez–Avila G, et al. Bioactive phenolic compounds: Production and extraction by solid–state fermentation. A review[J]. Biotechnology Advances, 2011,29(3):365.

[95] Zhang X Y, Chen J, Li X L, et al. Dynamic changes in antioxidant activity and biochemical composition of tartary buckwheat leaves during Aspergillus niger fermentation[J]. Journal of Functional Foods, 2017,32:375–381.

[96] 徐振秋. 中药化学成分化学转化及其转化产物活性研究进展 [J]. 中华医药杂志，2007.

[97] 金风燮，林完泽，李承宅，等. 中草药天然成分生物转化的新特异酶及其微生物研究 [C]. 中国微生物学会学术年会暨中国微生物学会第十次全国会员代表大会，2011.

[98] 秦雪梅，李爱平，刘月涛，等. 多效中药定向药效成分研究策略 [J]. 中草药 , 2017，48(5)：847–852.

[99] 王建伟，李岱龙，孙君社. 银杏叶提取物中黄酮苷酶法转化苷元的研究 [J]. 食品工业科技，2008(4)：177–179.

[100] 王曦，许藏藏，刘吉华 . 双氢青蒿素生物转化发酵培养基优化 [J]. 天然产物研究与开发，2013，25(12)：1690–1695.

[101] Ma X C, Zheng J, Guo D A. Microbial transformation of dehydrocostuslactone and costunolide by Mucor polymorphosporus and Aspergillus candidus[J]. Enzyme & Microbial Technology, 2007,40(5):1013–1019.

[102] Zhao D, Shah N P. Effect of tea extract on lactic acid bacterial growth, their cell surface characteristics and isoflavone bioconversion during soymilk fermentation[J]. Food Research International, 2014,62(8):877–885.

[103] 涂绍勇，李凤娇，杨爱华. 微生物转化沙棘黄酮苷生成黄酮苷元的研究 [J]. 食品科学，2010，31(19)：221–224.

[104] Lin S, Yang B, Chen F, et al. Enhanced DPPH radical scavenging activity and DNA protection effect of litchi pericarp extract by Aspergillus awamori bioconversion.[J]. Chemistry Central Journal, 2012,6(1):108.

[105] Cao G, Sofic E, Prior R L. Antioxidant and prooxidant behavior of flavonoids: Structure–activity relationships[J]. Free Radical Biology & Medicine, 1997,22(5):749–760.

[106] Roh C. Microbial transformation of bioactive compounds and production of ortho–dihydroxyisoflavones and glycitein from natural fermented soybean paste[J]. Biomolecules,

2014,4(4):1093.

[107] 夏祥慧. 生物转化大果沙棘黄酮苷元工艺及产物抗氧化活性研究 [D]. 东北林业大学，2009.

[108] 徐萌萌，沈竞，徐春，等. 槐米固态发酵提高槲皮素含量的研究 [J]. 时珍国医国药，2008，19(3)：704–706.

[109] Lee Y L, Yang J H, Mau J L. Antioxidant properties of water extracts from Monascus fermented soybeans[J]. Food Chemistry, 2008,106(3):1128–1137.

[110] 朱燕超，陶文沂. 超声波辅助提取荷叶总黄酮工艺的研究 [J]. 应用化工，2007，36(11)：1106–1109.

[111] 徐敏，沈勇，张坤，等 . 山核桃叶总黄酮苷元及其主要单体成分球松素查尔酮的抗氧化活性 [J]. 中国实验方剂学杂志 , 2013,19(22):204–208.

[112] Hollman P C H. Absorption, bioavailability, and metabolism of flavonoids[J]. Archives of Physiology & Biochemistry, 2009,42(s1):74–83.

[113] Williamson G. The use of flavonoid aglycones in in vitro systems to test biological activities: Based on bioavailability data, is this a valid approach[J]. Phytochemistry Reviews, 2002,1(2):215–222.

[114] 黄志兵. 1、红曲菌两种新的荧光代谢产物的研究 2、脱氧雪腐镰刀菌烯醇胶体金免疫层析试纸条的研制 [D]. 南昌大学，2009.

[115] 朱效刚，许赣荣，李颖茵，等. 红曲菌固态发酵产麦角甾醇工艺条件的优化 [J]. 食品研究与开发，2005，26(2)：72–75.

[116] Chen Y L, Hwang I E, Lin M C, et al. Monascus purpureus mutants and their use in preparing fermentation products having blood pressure lowering activity[P]. United State, US706704, 2006:

[117] Nakamura T, Matsubayashi T, Kamachi K, et al. Gamma–aminobutyric acid (GABA)–rich chlorella depresses the elevation of blood pressure in spontaneously hypertensive rats (SHR)[J]. Nippon Nogeikagaku Kaishi, 2000,74(8):907–909.

[118] 宋洪涛，宓鹤鸣. 中药红曲中氨基酸和脂肪酸的分析 [J]. 沈阳部队医药， 1999(5)：230–231.

[119] 魏明，曹健. 利用微生物生产多不饱和脂肪酸的研究进展 [J]. 河南工业大学学报 (自然科学版)，2002，23(3)：90–94.

[120] Feng Y, Shao Y, Chen F. Monascus pigments[J]. Applied Microbiology & Biotechnology, 2012,96(6):1421.

[121] 屈炯. 红曲色素组分分离及其功能的初步研究 [D]. 华中农业大学，2008.

[122] Jeun J, Jung H, Kim J H, et al. Effect of the monascus pigment threonine derivative on regulation of the cholesterol level in mice[J]. Food Chemistry, 2008,107(3):1078–1085.

[123] 丁前胜，郭永红. 一种红曲真菌酒的生产方法：

[124] Deguchi Y, Miyazaki K. Anti–hyperglycemic and anti–hyperlipidemic effects of guava leaf extract[J]. Nutrition & Metabolism, 2010,7(1):9.

[125] Shao M, Fan C L, Wang Y, et al. Advances on chemical constituents and pharmacological effects of Psidium guajava[J]. Natural Product Research & Development, 2009.

[126] Chen H Y, Lin Y C, Hsieh C L. Evaluation of antioxidant activity of aqueous extract of some selected nutraceutical herbs[J]. Food Chemistry, 2007, 104(4):1418–1424.

[127] Guti é rrez R M, Mitchell S, Solis R V. Psidium guajava: A review of its traditional uses, phytochemistry and pharmacology[J]. Journal of Ethnopharmacology, 2008,117(1):1–27.

[128] Liyun G U, Luo Q, Xiao M, et al. Anti–oxidative and hepatoprotective qctivities of the total flavonoids from the leaf of Lindera aggregata (Sims) Kosterm. Against mice liver injury induced by carbon tetrachloride[J]. Traditional Chinese Drug Research & Clinical Pharmacology, 2008.

[129] Zhang J L, Cui M, He Y, et al. Chemical fingerprint and metabolic fingerprint analysis of Danshen injection by HPLC–UV and HPLC–MS methods.[J]. Journal of Pharmaceutical & Biomedical Analysis, 2005,36(5):1029.

[130] Peng L, Wang Y, Zhu H, et al. Fingerprint profile of active components for Artemisia selengensis Turcz by HPLC–PAD combined with chemometrics[J]. Food Chemistry, 2011,125(3):1064–1071.

[131] Shen D D, Wu Q L, Sciarappa W J, et al. Chromatographic fingerprints and quantitative analysis of isoflavones in Tofu–type soybeans[J]. Food Chemistry, 2012,130(4):1003–1009.

[132] Yudthavorasit S, Wongravee K, Leepipatpiboon N. Characteristic fingerprint based on gingerol derivative analysis for discrimination of ginger (Zingiber officinale) according to geographical origin using HPLC–DAD combined with chemometrics.[J]. Food Chemistry, 2014,158(9):101.

[133] Liu X, Wu Z, Yang K, et al. Quantitative analysis combined with chromatographic fingerprint for comprehensive evaluation of Danhong injection using HPLC–DAD[J]. Journal of Pharmaceutical and Biomedical Analysis, 2013,76(6):70–74.

[134] Wang Y, Li Q, Wang Q, et al. Simultaneous determination of seven bioactive components in Oolong tea Camellia sinensis: Quality control by chemical composition and HPLC fingerprints[J]. Journal of Agricultural and Food Chemistry, 2012,60(1):256.

[135] Chou G, Xu S J, Liu D, et al. Quantitative and fingerprint analyses of chinese sweet tea plant (Rubus suavissimus S. Lee)[J]. Journal of Agricultural and Food Chemistry, 2009,57(3):1076–1083.

[136] **Valentão P**, Paula B A, Filipe A, et al. Analysis of vervain flavonoids by HPLC/diode array detector method. Its application to quality control[J]. Journal of Agricultural and Food Chemistry, 1999,47(11):4579–4582.

[137] van Beek T A, Montoro P. Chemical analysis and quality control of Ginkgo biloba leaves, extracts, and phytopharmaceuticals[J]. Journal of Chromatography A, 2009,1216(11):2002–2032.

[138] Alaerts G, Van E J, Pieters S, et al. Similarity analyses of chromatographic fingerprints as tools for identification and quality control of green tea[J]. Journal of Chromatography B, 2012,910(23):61.

[139] Geng P, Harnly J M, Chen P. Differentiation of bread made with whole grain and refined

wheat (T. Aestivum) flour using LC/MS-based chromatographic fingerprinting and chemometric approaches[J]. Journal of Food Composition & Analysis, 2016,47:92-100.

[140] Chou G, Xu S J, Liu D, et al. Quantitative and fingerprint analyses of chinese sweet tea plant (Rubus suavissimus S. Lee)[J]. Journal of Agricultural and Food Chemistry, 2009,57(3):1076-1083.

[141] Singh L L, Sudarsan S D, Jetley R P, et al. US food and drug administration[J]. Journal of the American Pharmaceutical Association, 2005,14(1):29-32.

[142] Wang L, Tian X, Wei W, et al. Fingerprint analysis and quality consistency evaluation of flavonoid compounds for fermented guava leaf by combining high-performance liquid chromatography time-of-flight electrospray ionization mass spectrometry and chemometric methods[J]. Journal of Separation Science, 2016,39(20):3906.

[143] Wang L, Wei W, Tian X, et al. Improving bioactivities of polyphenol extracts from Psidium guajava L. Leaves through co-fermentation of Monascus anka GIM 3.592 and Saccharomyces cerevisiae GIM 2.139[J]. Industrial Crops & Products, 2016,94:206-215.

[144] Cai S, Wang O, Wu W, et al. Comparative study of the effects of solid-state fermentation with three filamentous fungi on the total phenolics content (TPC), flavonoids, and antioxidant activities of subfractions from oats (Avena sativa L.)[J]. Journal of Agricultural and Food Chemistry, 2012,60(1):507-513.

[145] Hammi K M, Jdey A, Abdelly C, et al. Optimization of ultrasound-assisted extraction of antioxidant compounds from Tunisian Zizyphus lotus fruits using response surface methodology[J]. Food Chemistry, 2015,184:80-89.

[146] Sasipriya G, Siddhuraju P. Effect of different processing methods on antioxidant activity of underutilized legumes, Entada scandens seed kernel and Canavalia gladiata seeds.[J]. Food & Chemical Toxicology, 2012,50(8):2864-2872.

[147] Benzie I F F, Strain J J. The ferric reducing ability of plasma (FRAP) as a measure of antioxidant power: The FRAP assay[J]. Analytical Biochemistry, 1996,239(1):70-76.

[148] Hollman P C H, Trijp J M P V, Buysman M N C P, et al. Relative bioavailability of the antioxidant flavonoid quercetin from various foods in man[J]. FEBS Letters, 1997,418(1-2):152.

[149] Xu C, Yang B, Zhu W, et al. Characterisation of polyphenol constituents of Linderae aggregate leaves using HPLC fingerprint analysis and their antioxidant activities.[J]. Food Chemistry, 2015,186:83-89.

[150] Zielinski A A F, Haminiuk C W I, Alberti A, et al. A comparative study of the phenolic compounds and the in vitro antioxidant activity of different Brazilian teas using multivariate statistical techniques[J]. Food Research International, 2014,60(6):246-254.

[151] Zhao Y, Kao C P, Wu K C, et al. Chemical compositions, chromatographic fingerprints and antioxidant activities of Andrographis Herba[J]. Molecules, 2014,19(11):18332-18350.

[152] Sikder K, Kesh S B, Das N, et al. The high antioxidative power of quercetin (aglycone

flavonoid) and its glycone (rutin) avert high cholesterol diet induced hepatotoxicity and inflammation in Swiss albino mice[J]. Food & Function, 2014,5(6):1294–1303.

[153] Garc í a–Lafuente A, Guillam ó n E, Villares A, et al. Flavonoids as anti–inflammatory agents: Implications in cancer and cardiovascular disease[J]. Inflammation Research, 2009,58(9):537–552.

[154] Yao L H, Jiang Y M, Shi J, et al. Flavonoids in food and their health benefits[J]. Plant Foods for Human Nutrition, 2004,59(3):113.

[155] Valko M, Jomova K, Rhodes C J, et al. Redox– and non–redox–metal–induced formation of free radicals and their role in human disease[J]. Archives of Toxicology, 2016,90(1):1.

[156] Shpigun L K, Arharova M A, Brainina K Z, et al. Flow injection potentiometric determination of total antioxidant activity of plant extracts[J]. Analytica Chimica Acta, 2006,573 - 574(1):419–426.

[157] Hua Z, Rong T. Dietary polyphenols, oxidative stress and antioxidant and anti–inflammatory effects[J]. Current Opinion in Food Science, 2016,8:33–42.

[158] Masisi K, Beta T, Moghadasian M H. Antioxidant properties of diverse cereal grains: A review on in vitro and in vivo studies[J]. Food Chemistry, 2016,196(2016):90.

[159] Tohma H, **Gülçin İ**, Bursal E, et al. Antioxidant activity and phenolic compounds of ginger (Zingiber officinale Rosc.) determined by HPLC–MS/MS[J]. Journal of Food Measurement & Characterization, 2016:1–11.

[160] Shi S Y, Zhang Y P, Jiang X Y, et al. Coupling HPLC to on–line, post–column (bio)chemical assays for high–resolution screening of bioactive compounds from complex mixtures[J]. Trac Trends in Analytical Chemistry, 2009,28(7):865–877.

[161] Latif A, Kingston D, Dalal S R, et al. Bioassay guided fractionation of antimalarial extracts from plants used in traditional medicine[J]. Planta Medica, 2016,82(S 01):S1–S381.

[162] Hua Z, Rong T. Dietary polyphenols, oxidative stress and antioxidant and anti–inflammatory effects[J]. Current Opinion in Food Science, 2016,8:33–42.

[163] Zhang Y P, Shi S Y, Xiong X, et al. Comparative evaluation of three methods based on high–performance liquid chromatography analysis combined with a 2,2'–diphenyl–1–picrylhydrazyl assay for the rapid screening of antioxidants from Pueraria lobata flowers[J]. Analytical & Bioanalytical Chemistry, 2012,402(9):2965–2976.

[164] Zhao Y, Wang Y, Jiang Z T, et al. Screening and evaluation of active compounds in polyphenol mixtures by HPLC coupled with chemical methodology and its application.[J]. Food Chemistry, 2017,227:187–193.

[165] Ben S M, Skandrani I, Nasr N, et al. Flavonoids and sesquiterpenes from Tecurium ramosissimum promote antiproliferation of human cancer cells and enhance antioxidant activity: A structure–activity relationship study[J]. Environmental Toxicology & Pharmacology, 2011,32(3):336–348.

[166] Rice–Evans C A, Miller N J, Paganga G. Structure–antioxidant activity relationships of

flavonoids and phenolic acids[J]. Free Radical Biology & Medicine, 1996,20(7):933.

[167] Zhang J, Huang S, Cheng J, et al. Effects of phytohormone treatment and environmental stress on expression characteristics of AdRAVs gene from Actinidia deliciosa 'Jinkui'[J]. Journal of Plant Resources & Environment, 2016,25(3):28–35.

[168] Rice–Evans C A, Miller N J, Paganga G. Structure–antioxidant activity relationships of flavonoids and phenolic acids[J]. Free Radical Biology & Medicine, 1996,20(7):933.

[169] Cai Y Z, Corke H. Structure–radical scavenging activity relationships of phenolic compounds from traditional Chinese medicinal plants.[J]. Life Sciences, 2006,78(25):2872.

[170] Heim K E, Tagliaferro A R, Bobilya D J. Flavonoid antioxidants: Chemistry, metabolism and structure–activity relationships[J]. Journal of Nutritional Biochemistry, 2002,13(10):572.

[171] Farhoosh R, Johnny S, Asnaashari M, et al. Structure–antioxidant activity relationships of o–hydroxyl, o–methoxy, and alkyl ester derivatives of p–hydroxybenzoic acid[J]. Food Chemistry, 2016,194:128.

[172] Heim K E, Tagliaferro A R, Bobilya D J. Flavonoid antioxidants: Chemistry, metabolism and structure–activity relationships[J]. Journal of Nutritional Biochemistry, 2002,13(10):572.

[173] Bai K, Wen X, Zhang J, et al. Assessment of free radical scavenging activity of dimethylglycine sodium salt and its role in providing protection against lipopolysaccharide–induced oxidative stress in mice[J]. Plos One, 2016,11(5):e155393.

[174] Burda S, Oleszek W. Antioxidant and antiradical activities of flavonoids[J]. Journal of Agricultural and Food Chemistry, 2001,49(6):2774.

[175] Chen J, Zhao H, Shi Q, et al. Rapid screening and identification of the antioxidants in Hippocampus japonicus Kaup by HPLC–ESI–TOF/MS and on–line ABTS free radical scavenging assay[J]. Journal of Separation Science, 2010,33(4–5):672.

[176] Cai Y, Corke H. Structure–radical scavenging activity relationships of phenolic compounds from traditional Chinese medicinal plants.[J]. Life Sciences, 2006,78(25):2872.

[177] Seyoum A, Asres K, Elfiky F K. Structure–radical scavenging activity relationships of flavonoids[J]. Phytochemistry, 2006,67(18):2058–2070.

[178] 畅凌. 口服降糖药物治疗 2 型糖尿病患者反应性研究概述 [J]. 中华现代内科学杂志，2011.

[179] Ye R, Fan Y H, Ma C M. Identification and enrichment of α–glucosidase–inhibiting dihydrostilbene and flavonoids from glycyrrhiza uralensis leaves[J]. Journal of Agricultural and Food Chemistry, 2017,65(2):510.

[180] R í os J L, Francini F, Schinella G R. Natural products for the treatment of Type 2 diabetes mellitus.[J]. Planta Medica, 2015,81(12–13):975.

[181] Zhang Y, Xiao S, Sun L, et al. Rapid screening of bioactive compounds from natural products by integrating 5–channel parallel chromatography coupled with on–line mass spectrometry and

microplate based assays[J]. Analytica Chimica Acta, 2013,777(5):49–56.

[182] Xiao J, Ni X, Kai G, et al. Advance in dietary polyphenols as aldose reductases inhibitors: Structure–activity relationship aspect[J]. Critical Reviews in Food Science & Nutrition, 2015,55(1):16–31.

[183] Hu P, Li D H, Jia C C, et al. Bioactive constituents from Vitex negundo var. Heterophylla and their antioxidant and α–glucosidase inhibitory activities[J]. Journal of Functional Foods, 2017,35:236–244.

[184] Chen G L, Tian Y Q, Wu J L, et al. Antiproliferative activities of amaryllidaceae alkaloids from Lycoris radiata targeting DNA topoisomerase I[J]. Scientific Reports, 2016,6:38284.

[185] Ma C, Hu L, Kou X, et al. Rapid screening of potential α–amylase inhibitors from Rhodiola rosea by UPLC–DAD–TOF–MS/MS–based metabolomic method[J]. Journal of Functional Foods, 2017,36:144–149.

[186] Hui W, Du Y J, Song H C. Alpha–Glucosidase and α–amylase inhibitory activities of guava leaves.[J]. Food Chemistry, 2010,123(1):6–13.

[187] Hakamata W, Nakanishi I, Masuda Y, et al. Planar catechin analogues with alkyl side chains: A potent antioxidant and an alpha–glucosidase inhibitor.[J]. Journal of the American Chemical Society, 2006,128(20):6524–6525.

[188] Xiao J, Kai G, Yamamoto K, et al. Advance in dietary polyphenols as α–glucosidases inhibitors: A review on structure–activity relationship aspect[J]. Critical Reviews in Food Science & Nutrition, 2013,53(8):818–836.

[189] Xiao J, Ni X, Kai G, et al. A review on structure–activity relationship of dietary polyphenols inhibiting α–amylase[J]. Critical Reviews in Food Science & Nutrition, 2013,53(5):497.

[190] Pavana P, Manoharan S, Renju G L, et al. Antihyperglycemic and antihyperlipidemic effects of Tephrosia purpurea leaf extract in streptozotocin induced diabetic rats.[J]. Journal of Environmental Biology, 2007,28(4):833–837.

[191] Shao M, Fan C L, Wang Y, et al. Advances on Chemical Constituents and Pharmacological Effects of Psidium guajava[J]. Natural Product Research & Development, 2009.

[192] Vadivel V, Biesalski H K. Contribution of phenolic compounds to the antioxidant potential and type II diabetes related enzyme inhibition properties of Pongamia pinnata L. Pierre seeds[J]. Process Biochemistry, 2011,46(10):1973–1980.

[193] Chen H Y, Lin Y C, Hsieh C L. Evaluation of antioxidant activity of aqueous extract of some selected nutraceutical herbs[J]. Food Chemistry, 2007,104(4):1418–1424.

[194] Huang C, Ma T, Meng X, et al. Potential protective effects of a traditional Chinese herb, Litsea coreana Levl, on liver fibrosis in rats[J]. Journal of Pharmacy & Pharmacology, 2010,62(2):223–230.

[195] Jr M E, Kandaswami C, Theoharides T C. The effects of plant flavonoids on mammalian cells:

Implications for inflammation, heart disease, and cancer.[J]. Pharmacological Reviews, 2000,52(4):673.

[196] Terao J, Kawai Y, Murota K. Vegetable flavonoids and cardiovascular disease[J]. Asia Pacific Journal of Clinical Nutrition, 2008,17(S1):291–293.

[197] Li Y Q, Zhou F C, Gao F. Comparative evaluation of quercetin, isoquercetin and rutin as inhibitors of α–glucosidase[J]. Journal of Agricultural and Food Chemistry, 2009,57(24):11463.

[198] Da S L, Rms C, Chang Y K. Effect of the fermentation of whole soybean flour on the conversion of isoflavones from glycosides to aglycones[J]. Food Chemistry, 2011,128(3):640–644.

[199] Lee S H, Seo M H, Oh D K. Deglycosylation of isoflavones in isoflavone–rich soy germ flour by Aspergillus oryzae KACC 40247[J]. Journal of Agricultural and Food Chemistry, 2013,61(49):12101–12110.

[200] Lee Y L, Yang J H, Mau J L. Antioxidant properties of water extracts from Monascus fermented soybeans[J]. Food Chemistry, 2008,106(3):1128–1137.

[201] You H J, Ahn H J, Ji G E. Transformation of rutin to antiproliferative quercetin–3–glucoside by Aspergillus niger[J]. Journal of Agricultural and Food Chemistry, 2010,58(20):10886–10892.

[202] Lin S, Zhu Q, Wen L, et al. Production of quercetin, kaempferol and their glycosidic derivatives from the aqueous–organic extracted residue of litchi pericarp with Aspergillus awamori[J]. Food Chemistry, 2014,145(4):220–227.

[203] Xu C, Yang B, Zhu W, et al. Characterisation of polyphenol constituents of Linderae aggregate leaves using HPLC fingerprint analysis and their antioxidant activities[J]. Food Chemistry, 2015,186:83.

[204] Han Z, Zheng Y, Chen N, et al. Simultaneous determination of four alkaloids in Lindera aggregata by ultra–high–pressure liquid chromatography–tandem mass spectrometry[J]. Journal of Chromatography A, 2008,1212(1):76–81.

[205] Wu Y J, Zheng Y L, Luan L J, et al. Development of the fingerprint for the quality of Radix Linderae through ultra–pressure liquid chromatography–photodiode array detection/electrospray ionization mass spectrometry[J]. Journal of Separation Science, 2010,33(17–18):2734–2742.

[206] Liao H J, Lai Z Q, Su J Y, et al. Fingerprinting and simultaneous determination of alkaloids in Picrasma quassioides from different locations by high performance liquid chromatography with photodiode array detection[J]. Journal of Separation Science, 2012,35(17):2193–2202.

[207] Zhang R, Chen J, Shi Q, et al. Quality control method for commercially available wild Jujube leaf tea based on HPLC characteristic fingerprint analysis of flavonoid compounds[J]. Journal of Separation Science, 2014,37(1–2):45–52.

[208] Li J, He X, Li M, et al. Chemical fingerprint and quantitative analysis for quality control of polyphenols extracted from pomegranate peel by HPLC[J]. Food Chemistry, 2015,176(402):7–11.

[209] Shao M, Fan C L, Wang Y, et al. Advances on chemical constituents and pharmacological effects of Psidium guajava[J]. Natural Product Research & Development, 2009,21(3):114–121.

[210] Xianfeng Zhu, Hongxun Zhang A, Lo R. Phenolic compounds from the leaf extract of Artichoke (Cynara scolymus L.) and their antimicrobial activities[J]. Journal of Agricultural and Food Chemistry, 2004,52(24):7272–7278.

[211] Galvez Ranilla L, Kwon Y I, Apostolidis E, et al. Phenolic compounds, antioxidant activity and in vitro inhibitory potential against key enzymes relevant for hyperglycemia and hypertension of commonly used medicinal plants, herbs and spices in Latin America[J]. Bioresoure Technology, 2010,101(12):4676–4689.

[212] Liyana–Pathirana C M, Shahidi F. Importance of insoluble–bound phenolics to antioxidant properties of wheat[J]. Journal of Agricultural and Food Chemistry, 2006,54(4):1256.

[213] Naczk M, Shahidi F. The effect of methanol–ammonia–water treatment on the content of phenolic acids of canola[J]. Food Chemistry, 1989,31(2):159–164.

[214] Zheng Z, Shetty K. Solid–state bioconversion of phenolics from cranberry pomace and role of Lentinus edodes beta–glucosidase.[J]. Journal of Agricultural and Food Chemistry, 2000,48(3):895–900.

[215] Mccue P, Horii A, Shetty K. Solid–state bioconversion of phenolic antioxidants from defatted soybean powders by Rhizopus oligosporus: Role of carbohydrate–cleaving enzymes[J]. Journal of Food Biochemistry, 2010,27(6):501–514.

[216] Lu W J, Wang H T, Nie Y F, et al. Effect of inoculating flower stalks and vegetable waste with ligno–cellulolytic microorganisms on the composting process[J]. Journal of Environmental Science & Health, Part–B Pesticides Food Contaminants & Agricultural Wastes, 2004,39(5–6):871–887.

[217] Oboh G, Ademiluyi A O, Akinyemi A J, et al. Inhibitory effect of polyphenol–rich extracts of jute leaf (Corchorus olitorius) on key enzyme linked to type 2 diabetes (α –amylase and α –glucosidase) and hypertension (Angiotensin I converting) in vitro[J]. Journal of Functional Foods, 2012,4(2):450–458.

[218] Ayoub M, de Camargo A C, Shahidi F. Antioxidants and bioactivities of free, esterified and insoluble–bound phenolics from berry seed meals[J]. Food Chemistry, 2016,197(Pt A):221–232.

[219] Minussi R C, Rosi M, Bologna L, et al. Phenolic compounds and total antioxidant potential of commercial wines[J]. Food Chemistry, 2003,82(3):409–416.

[220] Kumar V, Sharma M, Lemos M, et al. Efficacy of Helicteres isora L. Against free radicals, lipid peroxidation, protein oxidation and DNA damage[J]. Journal of Pharmacy Research, 2013,6(6):620–625.

[221] Abbas S R, Sabir S M, Ahmad S D, et al. Phenolic profile, antioxidant potential and DNA damage protecting activity of sugarcane (Saccharum officinarum)[J]. Food Chemistry, 2014,147(6):10.

[222] Muthumani T, Senthil Kumar R S. Influence of fermentation time on the development of compounds responsible for quality in black tea[J]. Food Chemistry, 2007,101(1):98–102.

[223] Handa C L, Couto U R, Vicensoti A H, et al. Optimisation of soy flour fermentation parameters to produce β –glucosidase for bioconversion into aglycones[J]. Food Chemistry, 2014,152(152):56–65.

[224] Lee Y L, Yang J H, Mau J L. Antioxidant properties of water extracts from Monascus fermented soybeans[J]. Food Chemistry, 2008,106(3):1128–1137.

[225] Zinnai A. Chemical and Laccase catalysed oxidation of gallic acid: Determination of kinetic parameters[J]. Research Journal of Biotechnology, 2013,8(8):62–65.

[226] Ayoub M, de Camargo A C, Shahidi F. Antioxidants and bioactivities of free, esterified and insoluble–bound phenolics from berry seed meals.[J]. Food Chemistry, 2016,197(Pt A):221–232.

[227] Marotti I, Bonetti A, Biavati B, et al. Biotransformation of common bean (Phaseolus vulgaris L.) flavonoid glycosides by bifidobacterium species from human intestinal origin.[J]. Journal of Agricultural and Food Chemistry, 2007,55(10):3913–3919.

[228] Jeongkeun K, Mijin K, Ssanggoo C, et al. Biotransformation of mulberroside a from Morus alba results in enhancement of tyrosinase inhibition[J]. Journal of Industrial Microbiology & Biotechnology, 2010,37(6):631–637.

[229] Scott P M, Van W W, Kennedy B, et al. Mycotoxins (ochratoxin a, citrinin, and sterigmatocystin) and toxigenic fungi in grains and other agricultural products[J]. Journal of Agricultural and Food Chemistry, 1972,20(6):1103.

[230] Shin C S, Kim H J, Kim M J, et al. Morphological change and enhanced pigment production of monascus when cocultured with Saccharomyces cerevisiae or Aspergillus oryzae[J]. Biotechnology & Bioengineering, 2015,59(5):576–581.

[231] Shahidi F, Chandrasekara A. Hydroxycinnamates and their in vitro and in vivo antioxidant activities[J]. Phytochemistry Reviews, 2010,9(1):147–170.

[232] Chandrasekara A, Shahidi F. Content of insoluble bound phenolics in millets and their contribution to antioxidant capacity[J]. Journal of Agricultural and Food Chemistry, 2010,58(11):6706–6714.

[233] Acosta–Estrada B A, Guti é rrez–Uribe J A, Serna–Sald í var S O. Bound phenolics in foods, a review[J]. Food Chemistry, 2014,152(6):46.

[234] Bhanja T, Kumari A, Banerjee R. Enrichment of phenolics and free radical scavenging property of wheat koji prepared with two filamentous fungi[J]. Bioresource Technology, 2009,100(11):2861.

[235] Dang L A R, Rashid N Y A, Jamaluddin A, et al. Enhancement of phenolic acid content and antioxidant activity of rice bran fermented with Rhizopus oligosporus and Monascus purpureus[J]. Biocatalysis & Agricultural Biotechnology, 2015,4(1):33–38.

[236] Singh H B, Singh B N, Singh S P, et al. Solid–state cultivation of Trichoderma harzianum NBRI–1055 for modulating natural antioxidants in soybean seed matrix.[J]. Bioresource Technology, 2010,101(16):6444–6453.

[237] Ghose T K. Measurement of cellulase activities[J]. Pure & Applied Chemistry, 2009,59(2):257–268.

[238] Bhanja T, Kumari A, Banerjee R. Enrichment of phenolics and free radical scavenging property of wheat koji prepared with two filamentous fungi[J]. Bioresource Technology, 2009,100(11):2861.

[239] Hu J, Xue Y, Guo H, et al. Design and composition of synthetic fungal-bacterial microbial consortia that improve lignocellulolytic enzyme activity[J]. Bioresource Technology, 2016,227:247.

[240] Kim H J, Chen F, Wang X, et al. Effect of methyl jasmonate on phenolics, isothiocyanate, and metabolic enzymes in radish sprout (Raphanus sativus L.)[J]. Journal of Agricultural and Food Chemistry, 2006,54(19):7263-7269.

[241] 陈东方．酶解提高燕麦粉抗氧化活性的作用机制 [D]．西北农林科技大学，2016.

[242] Liu L, Zhang R, Deng Y, et al. Fermentation and complex enzyme hydrolysis enhance total phenolics and antioxidant activity of aqueous solution from rice bran pretreated by steaming with α-amylase[J]. Food Chemistry, 2017,221:636-643.

[243] Yu P, Maenz D D, Mckinnon J J, et al. Release of ferulic acid from oat hulls by Aspergillus ferulic acid esterase and Trichoderma xylanase[J]. Journal of Agricultural and Food Chemistry, 2002,50(6):1625-1630.

[244] Bonoli M, Marconi E, Caboni M F. Free and bound phenolic compounds in barley (Hordeum vulgare L.) flours: Evaluation of the extraction capability of different solvent mixtures and pressurized liquid methods by micellar electrokinetic chromatography and spectrophotometry[J]. Journal of Chromatography A, 2004,1057(1):1-12.

[245] Cai S, Wang O, Wu W, et al. Comparative study of the effects of solid-state fermentation with three filamentous fungi on the total phenolics content (TPC), flavonoids, and antioxidant activities of subfractions from oats (Avena sativa L.)[J]. Journal of Agricultural and Food Chemistry, 2012,60(1):507-513.

[246] Wen H, Hai N, Li Z, et al. Ellagic acid from acorn fringe by enzymatic hydrolysis and combined effects of operational variables and enzymes on yield of the production[J]. Bioresource Technology, 2008,99(6):1518-1525.

[247] Bhanja D T, Kuhad R C. Enhanced production and extraction of phenolic compounds from wheat by solid-state fermentation with Rhizopus oryzae RCK2012[J]. Biotechnology Reports, 2014,4(1):120.

[248] Bhanja T, Kumari A, Banerjee R. Enrichment of phenolics and free radical scavenging property of wheat koji prepared with two filamentous fungi[J]. Bioresource Technology, 2009,100(11):2861.

[249] Dulf F V, Vodnar D C, Socaciu C. Effects of solid-state fermentation with two filamentous fungi on the total phenolic contents, flavonoids, antioxidant activities and lipid fractions of plum fruit (Prunus domestica L.) by-products[J]. Food Chemistry, 2016,209:27-36.

[250] Zhang X, Chen J, Li X, et al. Dynamic changes in antioxidant activity and biochemical

composition of tartary buckwheat leaves during Aspergillus niger fermentation[J]. Journal of Functional Foods, 2017,32:375–381.

[251] Wang L, Wei W, Tian X, et al. Improving bioactivities of polyphenol extracts from Psidium guajava L. Leaves through co–fermentation of Monascus anka GIM 3.592 and Saccharomyces cerevisiae GIM 2.139[J]. Industrial Crops & Products, 2016,94:206–215.

[252] Yan C, Fayin Y E, Zhao G. A review of studies on free and bound polyphenols in foods[J]. Food Science, 2015.

[253] **Dueñas** M, Surcolaos F, Gonz á lezmanzano S, et al. Deglycosylation is a key step in biotransformation and lifespan effects of quercetin–3–O–glucoside in Caenorhabditis elegans[J]. Pharmacological Research, 2013,76(10):41–48.

[254] Zhao M, Xu J, Qian D, et al. Ultra performance liquid chromatography/quadrupole–time–of–flight mass spectrometry for determination of avicularin metabolites produced by a human intestinal bacterium[J]. Journal of Chromatography B, 2014,949–950(4):30–36.

[255] Benaventegarc í a O, Castillo J. Update on uses and properties of Citrus flavonoids: New findings in anticancer, cardiovascular, and anti–inflammatory activity[J]. Journal of Agricultural and Food Chemistry, 2008,56(15):6185–6205.

[256] Mingyen J, Chengchun C. Enhancement of antioxidant activity, total phenolic and flavonoid content of black soybeans by solid state fermentation with Bacillus subtilis BCRC 14715.[J]. Food Microbiology, 2010,27(5):586.

[257] Bhanja D T, Kuhad R C. Upgrading the antioxidant potential of cereals by their fungal fermentation under solid–state cultivation conditions[J]. Letters in Applied Microbiology, 2014,59(5):493–499.

[258] Othman N B, Roblain D, Chammen N, et al. Antioxidant phenolic compounds loss during the fermentation of Ch é toui olives[J]. Food Chemistry, 2009,116(3):662–669.

[259] Jim é nezaliaga K, Bermejobesc ó s P, Bened í J, et al. Quercetin and rutin exhibit antiamyloidogenic and fibril–disaggregating effects in vitro and potent antioxidant activity in APPswe cells[J]. Life Sciences, 2011,89(25–26):939–945.

[260] Xiao J, Ni X, Kai G, et al. A review on structure–activity relationship of dietary polyphenols inhibiting α–amylase[J]. Critical Reviews in Food Science & Nutrition, 2013,53(5):497.

[261] Dulf F V, Vodnar D C, Socaciu C. Effects of solid–state fermentation with two filamentous fungi on the total phenolic contents, flavonoids, antioxidant activities and lipid fractions of plum fruit (Prunus domestica L.) by–products[J]. Food Chemistry, 2016,209:27–36.

[262] Dikshit R, Tallapragada P. Statistical optimization of lovastatin and confirmation of nonexistence of citrinin under solid–state fermentation by Monascus sanguineus[J]. Journal of Food & Drug Analysis, 2016,24(2):433.

[263] Raj B M, Jonganurakkun N, Hong G, et al. **A**–Glucosidase and α–amylase inhibitory

activities of Nepalese medicinal herb Pakhanbhed (Bergenia ciliata, Haw.)[J]. Food Chemistry, 2008,106(1):247–252.

[264] de AraÃjo M E, Moreira Franco Y E, Alberto T G, et al. Enzymatic de-glycosylation of rutin improves its antioxidant and antiproliferative activities[J]. Food Chemistry, 2013,141(1):266–273.

[265] Singh R, Sharma S, Sharma V. Comparative and quantitative analysis of antioxidant and scavenging potential of Indigofera tinctoria Linn. Extracts[J]. Journal of Integrative Medicine, 2015,13(4):269–278.

[266] Ferreira I C F R, Baptista P, Vilas-Boas M, et al. Free-radical scavenging capacity and reducing power of wild edible mushrooms from northeast Portugal: Individual cap and stipe activity[J]. Food Chemistry, 2007,99(4):1511–1516.

[267] Alshikh N, Camargo A C D, Shahidi F. Phenolics of selected lentil cultivars: Antioxidant activities and inhibition of low-density lipoprotein and DNA damage[J]. Journal of Functional Foods, 2015,18:1022–1038.

[268] Zhang M W, Zhang R F, Zhang F X, et al. Phenolic profiles and antioxidant activity of black rice bran of different commercially available varieties.[J]. Journal of Agricultural and Food Chemistry, 2010,58(13):7580–7587.

[269] Liu L, Zhang R, Deng Y, et al. Fermentation and complex enzyme hydrolysis enhance total phenolics and antioxidant activity of aqueous solution from rice bran pretreated by steaming with α-amylase[J]. Food Chemistry, 2017,221:636–643.

[270] Bei Q, Liu Y, Wang L, et al. Improving free, conjugated, and bound phenolic fractions in fermented oats (Avena sativa L.) with Monascus anka and their antioxidant activity[J]. Journal of Functional Foods, 2017,32:185–194.

[271] Jessica T, Claire K, Joël P, et al. Comparative antioxidant capacities of phenolic compounds measured by various tests[J]. Food Chemistry, 2009,113(4):1226–1233.

[272] Floegel A, Kim D O, Chung S J, et al. Comparison of ABTS/DPPH assays to measure antioxidant capacity in popular antioxidant-rich US foods[J]. Journal of Food Composition & Analysis, 2011,24(7):1043–1048.

[273] Ti H, Zhang R, Li Q, et al. Effects of cooking and in vitro digestion of rice on phenolic profiles and antioxidant activity.[J]. Food Research International, 2015,76(Pt 3):813–820.

[274] Oki T, Matsui T, Osajima Y. Inhibitory effect of alpha-glucosidase inhibitors varies according to its origin[J]. Journal of Agricultural and Food Chemistry, 1999,47(2):550.

[275] Tan Y, Chang S, Zhang Y. Comparison of α-amylase, α-glucosidase and lipase inhibitory activity of the phenolic substances in two black legumes of different genera[J]. Food Chemistry, 2017,214:259.

[276] Wang Z, Hwang S H, Sun Y L, et al. Fermentation of purple Jerusalem artichoke extract to improve the α-glucosidase inhibitory effectin vitroand ameliorate blood glucose in db/db mice[J]. Drug

Metabolism & Pharmacokinetics, 2017,32(1):282–287.

[277] Manach C, Morand C, Demigné C, et al. Bioavailability of rutin and quercetin in rats[J]. FEBS Letters, 1997,409(1):12–16.